汉族民间服饰谱系

生辉霞履

崔荣荣　王志成　著

崔荣荣　主编

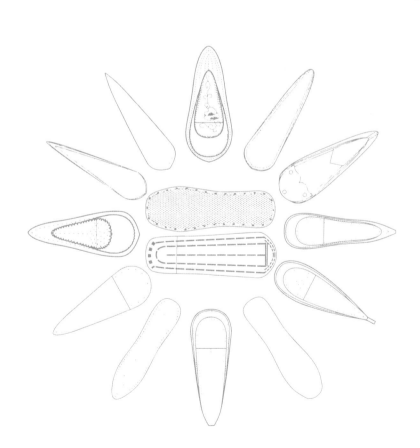

中国纺织出版社有限公司

内 容 提 要

本书为"汉族民间服饰谱系"之一。

汉族民间足服的形态、制作装饰技艺以及衍生的工具器物等，都是极具代表性且不可再生的历史文化遗产，体现着汉族族群独特的民族艺术创作、造物思想与地域文化特性，是汉民族民俗文化的典型代表，具有很高的艺术和文化研究价值。本书以"纵横"的研究脉络架构起汉族民间足服文化遗产价值的谱系及特色，全方位、多维度地向读者展现中国汉族传统足服文化的艺术气质和文化魅力。

图书在版编目（CIP）数据

生辉霞履/崔荣荣，王志成著. --北京：中国纺织出版社有限公司，2020.11

（汉族民间服饰谱系/崔荣荣主编）

ISBN 978-7-5180-7679-6

Ⅰ.①生… Ⅱ.①崔… ②王… Ⅲ.①汉族—民族服饰—服饰文化—中国 Ⅳ.①TS941.742.811

中国版本图书馆CIP数据核字（2020）第132274号

策划编辑：苗 苗 郭慧娟 责任编辑：金 昊
责任校对：楼旭红 责任印制：王艳丽

中国纺织出版社有限公司出版发行
地址：北京市朝阳区百子湾东里A407号楼 邮政编码：100124
销售电话：010－67004422 传真：010－87155801
E-mail：www.c-textilep.com
中国纺织出版社天猫旗舰店
官方微博http://weibo.com/2119887771
北京华联印刷有限公司印刷 各地新华书店经销
2020年11月第1版第1次印刷
开本：787mm×1092mm 1/16 印张：13
字数：181千字 定价：88.00元

总 序

i n t r o d u c t i o n

汉族民间服饰谱系概述

一、汉族的历史起源

华夏族是汉民族的前身，是中华民族的源头。[1]"华夏"一词最早见于周代，孔子视"夏"与"华"为同义词，所谓"裔不谋夏，夷不乱华"。另据《左传》襄公二十六年载："楚失华夏"，是关于华夏一词的最早记载。[2]徐旭生所作的《中国古史的传说时代》认为，中国远古部族的分野，大致可分为华夏、东夷、苗蛮三大部族。华夏部族地处古代中国的西北，主要由炎帝和黄帝所代表的部落组成。[3]华夏族是在三大部族的长期交流和战争中融合、同化而成的。炎帝部落势力曾经到达陕西关中，黄帝部落也发展到今河北南部。后来，东夷的帝俊部族和炎帝部族走向衰落，炎黄部落联盟得到极大发展。为了结束各部落集团互相侵伐的混乱局面，蚩尤逐鹿中原，但被黄帝在涿鹿之战中彻底打败。[4]后以炎黄部落为主体，与东夷部落组成了更庞大的华夏部落联盟，汉民族后世自称"炎黄子孙"，应是源自于此。

[1] 陈正奇，王建国. 华夏源脉钩沉[J]. 西北大学学报：哲学社会科学版，2014，44（6）：69-76.
[2] 袁少芬，徐杰舜. 汉民族研究[M]. 南宁：广西人民出版社，1989.
[3] 徐旭生. 中国古史的传说时代[M]. 桂林：广西师范大学出版社，2003.
[4] 张中奎. "三皇"和"五帝"：华夏谱系之由来[J]. 广西民族大学学报：哲学社会科学版，2008（5）：20-25.

在炎黄部落的基础上，华夏族裔先后建立了夏、商、周朝，形成了华夏族的雏形。张正明认为"华夏族是由夏、商、周三族汇合而成"，及至周灭商，又封了虞、夏、殷的遗裔，华夏就算初具规模了。❶文传洋认为汉民族起源于夏、商、周诸民族，而正式形成于秦汉。❷谢维扬认为："夏代形成的文明民族，是由夏代前夕的部落联盟转化而来，这个民族就是最初的华夏族。"❸华夏族是民族融合的产物，春秋战国时期，诸侯之间的兼并战争，加强了中原地区与周边少数民族之间的联系，不同民族之间的战争与迁徙使各民族之间相互交流融合，华夏族诞生后又以迁徙、战争、交流等诸多形式，与周边民族交流融合，融入非华夏族的氏族和部落，华夏族的范围不断扩大，逐渐形成了华夏一体的认同观和稳定的华夏民族共同体。

秦王朝结束了诸侯割据纷争的局面，建立了中国历史上第一个中央集权的封建专制国家，华夏民族由割据战乱走向统一。王雷认为"秦的统一使华夏各部族开始形成一个统一的民族；从秦开始到汉代是汉民族形成的时期。"❹汉承秦制，在"大一统"思想的指导下，汉王朝采取了一系列措施加强中央集权，完成了华夏族向汉族的转化。徐杰舜指出："华夏民族发展、转化为汉族的标志是汉族族称的确定。汉王朝从西汉到东汉，前后长达四百余年，为汉朝之名兼华夏民族之名提供了历史条件。另外，汉王朝国室强盛，在对外交往中，其他民族称汉朝军队为'汉兵'，汉朝使者为'汉使'，汉朝人为'汉人'。于是在汉王朝通西域、伐匈奴、平西羌、征朝鲜、服西南夷、收闽粤南粤，与周边少数民族进行空前频繁的各种交往活动中，汉朝之名遂被他族呼之为华夏民族之名。……总而言之，汉族之名自汉王朝始称。"❺自汉王朝以后，在国家统一与民族融合中，汉族成为中国主体民族的族称。

总体来看，汉民族的形成伴随着华夏、东夷、苗蛮由原始部落向夏商周华夏民族稳定共同体的转变，并经历春秋战国时期的民族交流与融合，华夏一体的民族认同感逐渐形成。秦朝统一六国，并随着汉王朝的强盛完成了华

---

❶ 张正明. 先秦的民族结构、民族关系和民族思想——兼论楚人在其中的地位和作用[J]. 民族研究，1983（5）：1-12.

❷ 文传洋. 不能否认古代民族[J]. 云南学术研究，1964.

❸ 谢维扬. 社会科学战线[C]. //研究论文选集：中国历史分册. 南京：江苏古籍出版社，1984.

❹ 王雷. 民族定义与汉民族的形成[J]. 中国社会科学，1982（5）：143-158.

❺ 徐杰舜. 中国汉族通史：第1卷[M]. 银川：宁夏人民出版社，2012.

夏民族向汉族称谓的转化，在秦汉大一统的时代背景下，汉族自此形成。

二、汉族民间服饰的起源与流变

汉族由古代华夏族和其他民族长期混居交融发展而成，是中华民族大家庭中的主要成员。汉族在几千年的历史发展过程中形成的优秀服饰文化是汉族集体智慧的结晶，是时代发展和历史选择的结果。汉族服饰在不断的发展演变中逐渐形成了以上层社会为代表的宫廷服饰和以平民百姓为代表的民间服饰，二者之间相互借鉴吸收，相较于宫廷服饰的等级规章和制度约束，民间服饰的技艺表现和艺术形式相对自由灵活，成为彰显汉族民间百姓智慧的重要载体。伴随着汉族的历史发展，汉族民间服饰最终形成以"上衣下裳制"和"衣裳连属制"为代表的基本服装形制❶，并包含首服、足服、荷包等配饰体系。❷

（一）汉族民间服饰的起源

汉族服饰的起源可以追溯到远古时期，最初人类用兽皮、树叶来遮体御寒，后来用磨制的骨针、骨锥来缝纫衣服。❸先秦时期是汉族服饰真正意义上的发展期，殷商时期已有冕服等阶级等别的服饰❹，商周时期中国的服装制度开始形成，服装形制和冠服制度逐步完备，形成了汉族服饰的等级文化。在汉族民间服饰的形成和发展阶段，受传统服饰等级制度的制约，贵族服饰引导和制约着民间服饰的发展，汉族民间服饰虽没有贵族服饰的华丽精美，但服装形制与贵族服饰大体一致。

上衣下裳是商周时期确立的服饰形制之一，上衣为交领右衽的服装形制，衣长及膝，腰间系带；下裳即下裙，裙内着开裆裤。周王朝以"德""礼"治天下，确立了更加完备的服饰制度，中国的衣冠制度大致形成。冕服是周代最具特色的服饰，主要有冕冠、玄衣、纁裳、舄等主体部分及蔽膝、绶带等配件组合而成，是帝王臣僚参加祭祀典礼时最隆重的一种礼冠，纹样视级别高低不同，以"十二章"为贵，早期服饰的"等级制度"基本确立。除纹样

---

❶《中华上下五千年》编委会. 中华上下五千年：第2卷[M]. 北京：中国书店出版社，2011.

❷ 袁仄. 中国服装史[M]. 北京：中国纺织出版社，2005.

❸ 蔡宗德，李文芬. 中国历史文化[M]. 北京：旅游教育出版社，2003.

❹ 袁仄. 中国服装史[M]. 北京：中国纺织出版社，2005.

外，早期服饰的等级性在服饰材料上亦有所体现。夏商时期人们的服用材料以葛麻布为主，只是以质料的粗细来区分差别。西周至春秋时，质地轻柔、细腻光滑、色彩鲜亮的丝绸被大量用作贵族的礼服，周天子和诸侯享有精美质料制成的华衮大裘和博袍鲜冠，以衣服质料和颜色纹饰标注身份。❶下层社会百姓穿着用粗毛织成的"褐衣"。

深衣是春秋战国时期盛行的衣裳连属的服装形制，男女皆服，深衣的出现奠定了汉族民间服装的基本形制之一。《礼记·深衣篇》载："古者深衣盖有制度，以应规矩，绳权衡。短勿见肤，长勿披土。续衽钩边，要缝半下。袼之高下可以运肘，袂之长短反诎肘。"❷其基本造型是先将上衣下裳分裁，然后在腰部缝合，成为整长衣，以示尊祖承古，象征天人合一，恢宏大度，公平正直，包容万物的东方美德；其袖根宽大，袖口收袪，象征天道圆融；领口直角相交，象征地道方正；背后一条直缝贯通上下，象征人道正直；下摆平齐，象征权衡；分上衣、下裳两部分，象征两仪；上衣用布四幅，象征一年四季；下裳用布十二幅，象征一年十二月。故古人身穿深衣，自然能体现天道之圆融，怀抱地道之方正，身合人间之正道，行动进退合乎权衡规矩，生活起居顺应四时之序。深衣成为规矩人类行为方式和社会生活的重要工具。

（二）汉族民间服饰的流变

商周时期出现的"上衣下裳"与"衣裳连属"确立了中国汉族服饰发展的两种基本形制，汉族民间服饰在此基础上不断发展演进，在不同的历史时期出现丰富多彩的服饰形制。

1.上衣下裳制的服装演变

商周时期形成上衣下裳的基本服饰形制，以后历代服饰在此基础上不断发展完备，常见的上衣品类有襦、袄、褂、衫、比甲、褙子，下裳有高襦裙、百褶裙、马面裙、筒裙等，除裙子外常见的下裳还有胫衣、犊鼻裈、缚裤等裤子。

襦裙是民间穿着上衣下裳的典型代表，是中国妇女最主要的服饰形制之一，襦为普通人常穿的上衣，通常用棉布制作，不用丝绸锦缎，长至腰间，

❶ 吴爱琴. 先秦时期服饰质料等级制度及其形成[J]. 郑州大学学报：哲学社会科学版，2012，45（6）：151-157.

❷ 黎庶昌. 遵义沙滩文化典籍丛书：黎庶昌全集六[M]. 黎铎，龙先绪，点校. 上海：上海古籍出版社，2015.

又称"腰襦"。按薄厚可分为两种：一种为单衣，在夏天穿着，称为"禅襦"；另一种加衬里的襦，称为"夹襦"；另外絮有棉絮、在冬天穿着的则称为"复襦"。妇女上身穿襦，下身多穿长裙，统称为襦裙。汉代上襦领型有交领、直领之分，衣长至腰，下裙上窄下宽，裙长及地，裙腰用绢条拼接，用腰部系带固定下裙。秦汉时期的襦为交领右衽，袖子很长，司马迁就有"长袖善舞，多钱善贾"的描述。魏晋时期上襦为交领，衣身短小，下裙宽松，腰间用束带系扎，长裙外着，腰线很高，已接近隋唐样式。隋唐时期女性着小袖短襦，下着紧身长裙，裙腰束至腋下，用腰带系扎。唐朝的襦形式多为对襟，衣身短小，袖口总体上由紧窄向宽肥发展，领口变化丰富，其中袒领大袖衫流行一时。到宋代受到程朱理学思想的影响，襦变窄变长，袖子为小袖，并且直领较多，后世的袄即由襦发展而来。明代时上衣下裙的长短、装饰变化多样，衣衫渐大，裙褶渐多。

下裳除裙子外，裤子也是下裳的常见类型之一。裤子的发展历史是一个由无裆变为有裆，由内穿演变为外穿的过程。早期裤子作为内衣穿着，赵武灵王胡服骑射改下裳而着裤，但裤子仅限于军中穿着，在普通百姓中尚未得到普及。汉代时裤子裆部不缝合，只有两只裤管套在胫部，称为"胫衣"。"犊鼻裈"由"胫衣"发展而来，与"胫衣"的区别之处在于两根裤管并非单独的个体，中间以裆部相连，套穿在裳或裙内部作为内衣穿着。汉朝歌舞伎常穿着舞女大袖衣，下穿打褶裙，内着阔边大口裤。魏晋南北朝时存在一种裤褶，名为缚裤，缚裤外可以穿裲裆铠甲，男女均可穿着。宋代时裤子外穿已经十分常见，但大多为劳动人民穿着，女性着裤既可内穿，亦可外穿露于裙外，裤子外穿的女子多为身份较为低微的劳动人民。

2.衣裳连属制的服装演变

汉族民间衣裳连属制的服装品类包括直裾深衣、曲裾深衣、袍、直裰、褙子、长衫等，属于长衣类。深衣是最早的衣裳连属的形制之一，西汉以前以曲裾为主，东汉时演变为直裾，魏晋南北朝时在衣服的下摆位置加入上宽下尖形如三角的丝织物，并层层相叠，走起路来，飞舞摇曳，隋唐以后，襦裙取代深衣成为女性日常穿着的主要服饰。

袍为上下通裁衣裳连属的代表性服装，贯穿汉族民间服饰发展的始终，是汉族民间服饰的代表性形制之一。秦代男装以袍为贵，领口低袒，露出里衣，多为大袖，袖口缩小，衣袖宽大。魏晋南北朝时，袍服演变为褒衣博带、宽衣大袖的款式。唐朝时圆领袍衫成为当时男子穿着的主要服饰，圆领右衽，领袖襟有缘边，前后襟下缘接横襕以示下裳之意。宋朝时的袍衫有宽袖广身和窄袖紧身两种形式，襕衫也属于袍衫的范围。襕衫为圆领大袖，下施横襕以示下裳，腰间有襞积。明代民间流行曳撒、褶子衣、贴里、直裰、直身、道袍等袍服款式。清代袍服圆领、大襟右衽、窄袖或马蹄袖、无收腰、上下通裁、系扣、两开衩或四开衩、直摆或圆摆；民国时期男子长袍为立领或高立领、右衽、窄袖、无收腰、上下通裁、系扣、两侧开衩、直摆；民国女子穿的袍为旗袍，形制特征为小立领或立领、右衽或双襟、上下通裁、系扣、两侧开衩、直摆或圆摆，其中腰部变化丰富，20世纪20年代为无收腰，后逐渐发展成有收腰偏合体的造型。

除上衣下裳和衣裳连属的服装外，汉族民间服饰还包括足衣、荷包等配饰。足衣是足部服饰的统称，包括舄、履、屦、屐、靴、鞋等。远古时期已经出现了如皮制鞋、草编鞋、木屐等足服的雏形，商周时期随着服饰礼仪的确立，足服制度也逐渐完备，主要以舄、履为主，穿着舄、履时颜色要与下裳同色，以示尊卑有别的古法之礼。鞋舄为帝王臣僚参加祭祀典礼时的足衣，搭配冕服穿着；履则根据草、麻、皮、葛、丝等原材料的不同而区分，如草履多为穷苦人穿着，而丝履则多为贵族穿着。以后历代足衣的款式越来越多样，鞋头的装饰日趋丰富，从质地分，履有皮履、丝履、麻履、锦履等；从造型上看，履有笏头履、凤头履、鸠头履、分梢履、重台履、高齿履等。各个朝代也有自己代表性的足衣，如隋唐时期流行的乌皮六合靴，宋元以后崇尚缠足之风的三寸金莲，近代在西方思潮的影响下，放足运动日趋盛行，三寸金莲日渐淡出历史舞台，天足鞋开始盛行等，各个朝代丰富的足衣文化构成我国汉族服饰完整的足衣体系。

除足衣外，荷包亦是汉族服饰的重要服饰配件。荷包主要是佩戴于腰间的囊袋或装饰品，除作日常装饰外，也可用来盛放一些随用的小物件和香料。古时人们讲究腰间杂佩，先秦时期已有佩戴荷包的习俗，唐朝以后尤为盛行，一直延续到清末民初。荷包既有闺房女子所做，用于彰显女德，又有受绣庄订制由城乡劳动妇女绣制的用于售卖的荷包。荷包是我国传统女红文化的重要组成部分，除实用性与装饰性外还具有辟邪驱瘟、防虫灭菌的作用，寄托着佩戴者向往美好生活的精神情怀。

三、汉族民间服饰知识谱系

汉族民间服饰丰富多彩的服饰形制中不仅包含服饰的形制特色、服装面料、织物工具、色彩染料等物质文化遗产的诸多方面，还包括技艺表达、情感寄托、审美倾向、社会风尚等非物质文化遗产的表达。物质形态汲取民间创作的集体灵感，在形式表现上具有多样性，非物质文化遗产背后则蕴含着更多的情感寄托和人文情怀，是彰显民间百姓真善美的重要载体。汉族民间服饰知识谱系的建构有助于理清汉族民间服饰的历史脉络，挖掘其中蕴含的物质文化遗产与非物质文化遗产，探究其背后的时代文化内涵，促进汉族民间服饰文化的历史保护和文化传承。

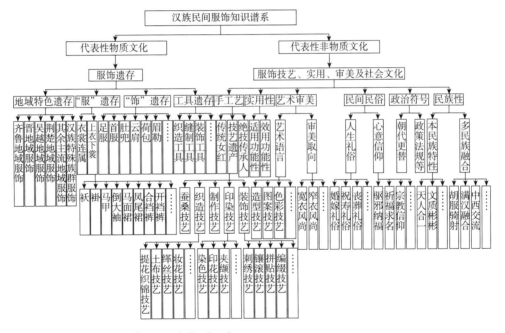

（一）汉族民间服饰的品种类别研究

现存汉族民间服饰包含多种不同形态的服饰品类，这些服饰品类不仅具有空间地域上服饰形制的显著差别，还涉及历史发展中服饰形制的接受与拒绝，既有对历史传统服饰形制的传袭与继承，也有为适应时代发展进行的改良与创新。汉族民间服饰品类的发展与变化既是个人审美时尚的标识符号，也是时代变迁和朝代更迭的物化载体。传统汉族民间服饰品类的研究有助于深究汉族民间服饰形制的演变规律和时代特色，还原其历史发展的真实面貌。

（二）汉族民间服饰的染织技艺研究

汉族民间服饰的染色表达多用纯天然的植物染色和矿物染色表现，染料的选择、染料的配比、染色的浓淡、染料的命名、固色的效果等都较为复杂，形成了自成一套的色彩表现方法，并创造出画绘、扎染、蜡染、蓝夹缬、彩色印花等多种染色方法。与汉族民间服饰的染色体系相似，在传统小农经济男耕女织的时代背景下，汉族民间服饰的织物获得除少数由购买所得，大都以家庭为单位自给自足手工生产制作，织造种类的确定、织造技巧的掌握、织造工具的选择、织造图案的表现、组织结构的变化等都是织物生产的重要环节。汉族民间服饰的染织技艺取材天然，步骤细致，过程繁杂，形式多样，是汉族百姓集体智慧和创造力的表现。

（三）汉族民间服饰的制作技艺研究

汉族民间服饰的制作基本都采用手工制作，历经几千年的发展，成为一门极具特色和科学性的手工技艺，凝结着古人的细密心思和卓越智慧。很多传统服饰制作手艺如"缝三铲一"的制作手法、"平绞针""星点针"等特殊针法、"刮浆"等古老技艺，以及传统装饰手法如镶、绲、嵌、补、贴、绣等所谓"十八镶"工艺等，这些极具艺术价值的传统制作工艺随着大批身怀绝技的传承人的去世面临"人亡艺绝"的窘境，亟待得到保护传承与文化研究。运用文字、录音、录像、信息数字化多媒体等方式对汉族民间服饰的裁剪方法与制作手艺进行记录与整理，对实物的制作流程、使用过程及其特定环境加以展现，保存这些具有独特性和地域性的传统技艺，形成汉族民间服饰制作技艺的影像资料，并从服装结构学、服装工艺学的角度进行拓展性研究，建立完善汉族民间服饰制作技艺的理论构架势在必行。

（四）汉族民间服饰的装饰艺术研究

汉族民间服饰的形制造型、图案表达、纹样选择、色彩搭配等诸多方面都是汉族民间服饰装饰艺术的重要表现形式，也是彰显内在个性、记录服饰习俗、表现社会审美倾向的外在物化表现。其中刺绣是汉族民间百姓最为常见的装饰手法，不同年龄、性别、群体、地域对刺绣的色彩和图案选择都有一定的倾向性，在表现汉族民间服饰内在审美心理的同时也是民俗文化和地域文化的体现。汉族民间服饰中蕴含的丰富的装饰技艺方法是美化汉族民间服饰的主要方式，使汉族民间服饰呈现出精致绝美的装饰效果，对汉族民间服饰装饰艺术的深入学习和理解不仅可以促进传统装饰技艺的保护与传承，同时可以为现代服饰装饰设计提供服务。

四、汉族民间服饰价值谱系

传统汉族民间服饰在历史发展中形成了丰富多彩的服饰形制，这些服饰形制是时代发展和历史选择的结果，不仅具有靓丽耀眼的外在形式，更具有璀璨深刻的精神内涵，是汉民族集体智慧的结晶。构建汉族民间服饰的价值体系，不是仅仅保留一种形式，更是保留汉族社会发展过程中的历史面貌，守护汉族民间服饰中蕴含的精神文化内涵，具有弘扬中华民族优秀传统服饰文化的理论价值、促进传统文化产业开发的应用价值以及彰显古代劳动人民精神智慧的人文价值。

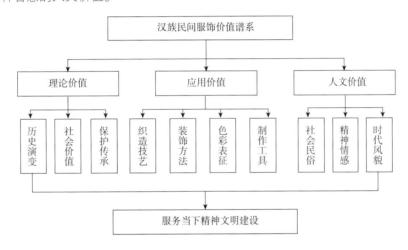

（一）弘扬民族文化的理论价值

传统服饰文化是中华民族优秀传统文化的重要组成部分，汉族民间服饰作为我国优秀传统服饰文化的重要内容之一，在展现劳动人民集体智慧的同时彰显时代发展的印记，是所处时代社会、历史、文化、技艺等综合因素的集中体现，是社会发展的物化载休。挖掘传统汉族民间服饰中的文化内涵，探索古代劳动人民的精神智慧，关注反映时代发展的社会风貌，有助于建设汉族民间服饰发展的理论体系，对弘扬中华民族优秀传统服饰文化起到引导和借鉴意义。

（二）文化产业开发的应用价值

当前，随着中国经济的强势崛起，中国传统服饰文化受到前所未有的关注，中国风在全球时装界愈演愈烈，市场意义深远。汉族民间服饰文化中有大量值得借鉴的艺术形式，如装饰手法、搭配方式、色彩处理等。汉族民间优秀文化元素的创意开发，需要与时俱进地结合当下的审美观念和市场需求，在融合与创新中推陈出新，避免简单粗暴的元素复制，生产符合当下社会需求的文化产品，在推动民族服饰品牌发展的同时，促进人文精神的传承和文化产业的发展。

随着信息化进程的加速推进，全球一体化、同质化的趋势日趋鲜明，人文精神的力量和软实力的竞争日趋凸显。然而，中国优秀传统文化的流失使许多年轻人对本民族的传统文化认知不清，对传统汉族民间服饰的历史脉络及文化发展存在诸多错误的认知，对很多有关传统汉族服饰的概念理解也不甚清晰。传统汉族民间服饰承载着中华民族历史发展进程中优秀的民族文化，是展现民族智慧的物化载体，对汉族民间服饰的关注与保护有利于人文精神的彰显和民族文化的传承。

五、汉族民间服饰的特色符号阐释

汉族民间服饰有别于宫廷贵族服饰和少数民族服饰，具有原始质朴的特点。由于生产力的限制，男耕女织，植物染色，手工缝制，装饰图案，所有环节都依靠妇女手工或者简易机器完成，是小农经济下手工劳动的产物，在长期历史发展中，保留了一些独具特色的服饰文化符号。

（一）汉族民间服饰的主要特征

汉族民间服饰在历史发展中主要具有以下几个特征：（1）交领右衽。衽，本义衣襟。左前襟掩向右腋系带，将右襟掩覆于内，称交领右衽，反之称交领左衽。汉族民间服饰有一直沿用交领右衽的传统，这与古代以右为尊的思想密切相关，古人认为右为上，左为下。汉族民间服饰受少数民族的着装习惯影响也有着交领左衽的情况，但交领右衽是汉族民间服饰领襟形制的主流。（2）褒衣博带。指衣服宽松，腰间使用大带或长带系扎。受传统封建思想的影响，中国传统服饰强调弱化人体，模糊人体的性别差异，这与西方文化的穿衣理念中有意突出人体，强调性别特征形成对比。受中国传统"隐"的服装理念的影响，汉族民间服饰大都衣服宽松，忽视人体的性别特征。（3）系带隐扣。汉族民间服饰很少使用扣子，多在腋下或衣侧打结系扎。

（二）汉族民间服饰的代表性纹样

汉族民间服饰纹样以具有吉祥寓意的花卉植物图案、动物图案、器物图案、人物图案、几何图案为主。汉族民间服饰中常见的植物纹样有水仙、牡丹、兰花、岁寒三友、菊花、桃花、石榴、佛手、葫芦、柿子等，穿着时一般选择应季生长的植物，多表达"多子多福""事事如意""富贵平安"等吉祥化寓意。常见的动物纹样有蝙蝠、鹿、猫、蝴蝶、龟、鹤等动物形象。器物纹样有八宝纹、盘长纹、如意纹、暗八仙等。八宝象征吉祥、幸福、圆满。盘长纹原为佛教八宝之一，也叫吉祥结，回环贯彻，象征永恒，在汉族民间服饰中常用以表达子孙兴旺、富贵绵延之意。暗八仙为简化的八仙器物，祝寿或喜庆节日场合常常使用。如意纹在汉族民间服饰中常用以表达"平安如意""吉庆如意""富贵如意"的含义。此外，汉族民间服饰中常用八仙祝寿、童子献寿、寿星图、三星图等人物图案来表达吉祥长寿的美好愿望，或使用多种形式的寿字与不同的吉祥图案搭配，寓意福寿绵绵，人物纹样多以团纹或边饰纹样表现文学作品的故事情节。

（三）汉族民间服饰的色彩哲学

《左传·定公十年疏》："中国有礼仪之大，故称夏；有服章之美，谓之华。"可见"礼"是传统汉族服饰文化的核心内涵，汉族民间服饰亦不例外。《诗经邶风·绿衣》里曾有"绿衣黄里""绿衣黄裳"之句，给人感觉内容有关服饰色彩，其实《绿衣》是卫庄公夫人卫姜，因自己失位伤感而作。黄为正色，是尊贵之色，作衣里和下裳；绿为间色，是卑贱之色，反而作衣表和上衣。❶ 这是表里相反、上下颠倒，就像卑者占了尊位一样。汉族民间服饰的礼服与常服、上衣与下裳的着装色彩都有一定的规定。受传统阴阳五行观念的影响，传统汉族服饰的礼服常用正色，常服用间色；上衣用正色，下裳用间色；贵族服饰多用正色，平民服饰多用由正色调配出来间色。春秋时"散民不敢服杂彩"，普通庶民多穿着没有色彩的服色。中国民俗中传统汉族服饰以红色、白色历史较为悠久。红色具有热烈奔放的色彩特征，具有驱邪避灾的寓意，在婚礼、祝寿等喜庆场合广泛使用。白色在汉族民间服饰色彩中具有不祥寓意，多为葬礼时穿着，办丧事时不能穿戴鲜艳的服装和首饰，汉族民间服饰中红白喜事对红色和白色的使用已成为民俗习惯演变至今。

汉民族在长期历史发展过程中形成了独具特色的民间服饰文化，具有悠久的历史、丰富的种类、精美的造型、朴素的色彩，集物质文化与精神财富

---

❶　诸葛铠. 裂变中的传承[M]. 重庆：重庆大学出版社，2007.

为一体，是体现民族自豪感和彰显民族凝聚力的核心所在，是时代发展和历史选择的见证者，体现了中国服饰发展悠久的历史文明。

六、汉族民间服饰传承谱系

汉族民间服饰文化是中华民族优秀服饰文化的重要组成部分，是数千年来我国汉族人民用勤劳的双手创造出来的智慧结晶，并与民间的社会生活、民俗风情、民族情感以及精神理想连接在一起，也是表达民俗情感、表现民间艺术的重要载体，反映了我国丰富多彩的社会面貌与精神文化，是我国重要的服饰文化遗产。在当下社会环境、自然环境、历史条件发生巨大变化的情况下，汉族民间服饰作为反映社会文化形态变迁最直接的物化载体，如何既保持汉族民间服饰文化的精髓，又能与时俱进以活态形式创新传承，使汉族民间服饰的优秀因子在时代更迭中不断创新，融入时代元素辩证发展，首先需要建立完整与完善的汉族民间服饰保护与传承体系。

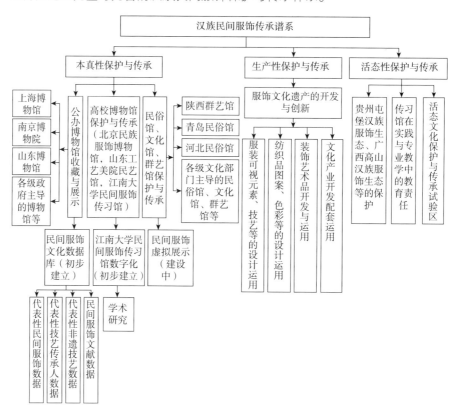

汉族民间服饰文化遗产的传承有三个目的。第一是保护。由于社会的变迁、重构而使生产方式、生活方式发生变化，传统汉族民间服饰的物质形态很难适应当下的社会需求，并且随着大批身怀绝技的传承者衰老去世，很多优秀的汉族民间服饰文化几近失传。对汉族民间服饰的物质形态和身怀绝技的传承者进行摸底考察，建立汉族民间服饰文化的应急保护措施是当务之急。第二是传承。鼓励培养汉族民间服饰传承人，以融入现代生活为导向，增强汉族民间服饰文化的生存活力，将传统汉族民间服饰文化与当代时尚设计和生活方式相结合，将传统汉族服饰文化融入现代生活中，同时加强汉族民间服饰的宣传展示与交流，推进汉族民间服饰文化的现代传承。第三是发展。汉族民间服饰中的优秀文化成分不能为了保护而束之高阁，也不能为了发展破坏良好的文化基因，需要结合当下文化发展的现实需要，实现传统汉族民间服饰中优秀文化元素的可持续发展。

传统汉族民间服饰文化遗产的保护与传承可以分为以下三种途径：其一是以博物馆为代表的本真性保护与传承。博物馆在汉族民间服饰文化的保护与传承中扮演着重要角色，是收藏汉族民间服饰物质载体和文化研究的重要机构。借鉴以中国丝绸博物馆为代表的一批在服饰文化遗产保护和传承方面做得较好的展馆的保护经验，对现存汉族民间服饰的品种类别、保存现状、数量体系等进行全面考察，建立汉族民间服饰的专门性展馆和在线博物馆数据展示平台，构建一个汉族民间服饰博物馆系统的完整服饰保存体系。

其二是进行生产性保护与传承。在社会变迁重构中，如果汉族民间服饰文化不能以物态化的形式进行价值转型与提升，势必会影响到汉族民间服饰的保护与传承。汉族民间服饰具有悠远的历史文明与服饰渊源，在保护汉族民间物质文化形态的同时，更要结合现代的时尚审美理念对其进行创新应用。重点借鉴传统汉族民间服饰中的艺术形式和装饰手法，吸收传统汉族民间服饰中蕴含的设计智慧，将汉族民间服饰中的优秀文化转化为符合当下需求的时尚商品，在市场竞争中重新焕发生机与活力。

其三是进行活态性保护与传承。目前在四川、云南等偏远地区少数民族仍保留有尚未被现代化浪潮冲击的汉族民间服饰的完整生存空间，如广西的高山汉族、贵州的屯堡等，这些完整的汉族民间服饰文化生存空间是展现汉族民间服饰的传统生存面貌、还原汉族民间生活方式的活化石。在保护展示这些汉族民间服饰生存空间的同时保持其历史性、完整性、本真性、持久性是实现其可持续发展的重要原则。积极关注传统汉族民间服饰的历史空间及其发展动态，展示传统汉族民间服饰的原始形态，保护传统汉族民间服饰的物质形态及手工技艺，实现传统汉族民间服饰历史面貌的活态性保护与传承。

在国家文化复兴战略的社会背景下，汉族民间服饰作为我国优秀传统文化的重要组成部分，做好汉族民间服饰的保护传承与交流传播，思考从不同视角提升汉族民间服饰发展的有效方式，探讨未来汉族民间服饰文化的创新发展与实践应用，防止汉族民间服饰文化的快速流失，实现中华民族优秀服饰文化的可持续发展，促进文化自觉和文化自信的提升，顺应了中华民族文化复兴和时代发展的潮流，功在当代利在千秋。

崔荣荣

2019年12月于江南大学

小 序
p r e f a c e

　　服饰作为包裹和遮蔽、保护和装饰身体各部位，如胯部、胸部、腹部、头部、颈部、腰部、手臂、足部等的基本物质形态，在原材料上表现为皮、毛、丝、麻、棉等，并通过制作形成袍服、上衣下裳、足服等"服"和"饰"的多种形制。足服之于每个人，不仅是伴随一生的物化服饰用品，更是贯穿整个人生礼俗的文化饰品，是人类服饰文化的重要组成部分。历史上足服的发展演变俨然成了一部先民的生活史和民族的文化史。从旧石器时期的裹脚皮和草编鞋，到新石器时期的翘头靴和木屐，到先秦时期的麻屦和纳鞋底，到隋唐的织锦鞋和六合靴，到宋代以来的小脚鞋和弓鞋，再到近代的放足鞋和天足鞋等，汉族民间足服在不断地发展、演变、丰富和革新中成为独具鲜明特色的生活用品。

　　汉族民间足服的形态、制作装饰技艺以及衍生的工具器物等，都是极具代表性和不可再生性的历史文化遗产，体现着汉族族群独特的民族艺术创作、造物思想与地域文化特性，是汉族民族民俗文化的典型代表，具有很高的艺术和文化研究价值。汉族民间足服在几千年的历史发展中形成了丰富多样的文化遗产，包含传统足服的历史与艺术价值、继承传统文化的社会符号价值、传习传统文化意蕴的精神价值、民族性价值以及对形态与技艺进行创新和改革的历史与现代价值。这些文化内涵，有技术层面的、艺术层面的，也有社会层面的；有精华，也有糟粕。精华的部分，是中国传统人民集体智慧的反映和结晶，值得现代人去关注、学习、继承和发扬。糟粕的部分，是古代封建社会制度和环境的必然产物，更需要现代人去总结、反思和规避。因此，为更好弘扬民族传统与文化，对传统足服文化进行探索是一项颇具意义的工作。

　　本书拟以"纵横"的研究脉络架构起汉族民间足服文化遗产价值的谱系及特色。"纵"是以时间为线的史略部分，分为远古时代、先秦、秦汉魏晋南北朝、隋唐五代、宋元、明清、近代（1840～1949年）七个阶段，遵循社会文化变化节奏和规律，在历史大背景下，宏观阐述中国汉族足服的发展进程及沿袭关系，使读者对足服文化遗产在中国历史洪流中的时间节点有个整体、全局性的把握。"横"是以空间为轴的专题部分，分为造型构造、装饰艺术和社会文化意涵三个专题。各专题再细分为造型、结构、工艺、纹样、色彩、功能、民俗、地域等具体对象。各对象或以空间为轴，或以时间为线，或以类别为序，展现各对象形态继承与发展、沿袭与嬗变的过程，揭示各对象所具有的发展脉络和深层次的艺术文化内涵，深入探讨足服与人、足服与史、足服与俗的相依共存关系。通过"纵横"脉络下点、线、面的结合，建构汉族民间足服文化的完整谱系。

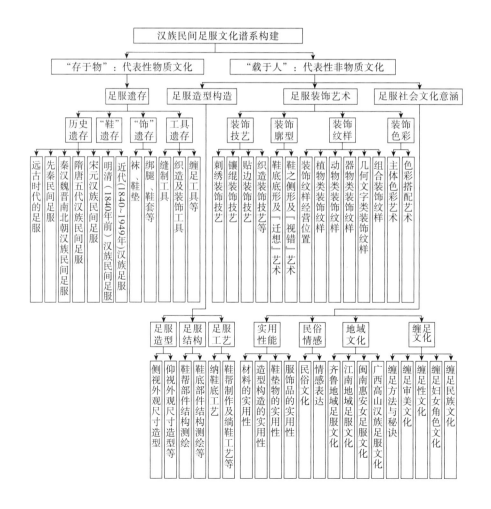

在研究方法上，首先坚持理论向导的实证研究。汉族民间足服在不断更迭的过程中或变化或消亡，对于研究学者来说在存世的作品中寻找到存在时代特征的蛛丝马迹是一项极其繁杂的工作。为了获得细致精确的民间民俗知识，本书的搜证涉及传统汉族民间足服内容的大量史料和文献，如史部、档案、地方志等文字史料和各地口述史料等。与此同时，深入民间开展大量的田野征集和调查工作，足迹遍布全国，北方以黄河中下游流域为主、南方以长江中下游流域为主的汉族人群的主要集中地域，搜集了大量清代以来汉族民间足服的传世实物，极大地增强了理论导向下论述的说服力和文本的实证性。其次立足于可信的历史文献材料、一手的田野调查信息和大量的民俗文物等实证材料，重点开展跨学科、多学科分析视角的理论研究，结合考古学、社会学、艺术学、人类学等相关学科对传统汉族民间足服进行交叉性与综合性的解读，积极拓展足服与艺术、足服与文化多元相关性的价值研究，以期全方位、多维度地向读者展现中国汉族传统足服文化的艺术气质和文化魅力。

崔荣荣

2019年9月写于江南小筑

目　录

c o n t e n t s

第一章

传统汉族民间足服史略

足服，顾名思义是足之服饰品。这是一个对足部服饰用品的统称，泛指一切包裹、依附于足部，起防护和装饰等作用的物品，包括鞋、袜、鞋垫、绑腿等，涵盖范围广泛。诚然，足服的称谓并非古即有之，或者甚少出现，它更多的是现代人的一种概念性界定。从文献记载来看，汉以前的足服，不论以何种材料制成，统称"屦"。《说文》段注（段玉裁《说文解字注》）："今时所谓履者，自汉以前皆名屦。"屦的本义指用麻、葛等材料制成的单底鞋，后泛指足服。汉代以后，"履"字替代"屦"成为足部主要服饰品的统称。朱骏声《说文通训定声》："古曰屦，汉以后曰履，今曰鞵（鞋）。"唐末五代马缟在《中华古今注》中称："鞋子自古既有，谓之履。"可见，约至隋唐时，"鞋"字替代"履"字成为足服的统称，而此称法一直沿用至今。考虑到足服一词没有或甚少在古代典籍中出现，在本书简述足服史略部分还是尽量沿用特定历史时期下的足服称谓，但在进行分析总结时，为了行文方便流畅，用足服更适合对足部服饰品进行概述。

足服作为人们的重要生活用具，在历史的发展演变进程中历经了由最原始的防护实用功能，到审美装饰功能，再到社会文化生活领域的诸多意义表征。在此过程中，发展衍生出丰富多彩的足服文化，有制作工艺层面的，有装饰艺术层面的，也有内涵底蕴层面的。因此，足服的发展与演变历史是中国服装史、工艺史、社会生活史等的重要组成部分。

第一节　远古时代足服

远古时代指的是距今约300万年前至公元前21世纪，先后经历了旧石器时代和新石器时代，是我国足服史的奠基阶段。一些足服的基本品类，如皮制鞋、草编鞋、木屐及一些足服的重要造型构造，如"鞋翘"❶"帮底分件"❷等，都在这一历史阶段形成。

---

❶ "鞋翘"指鞋头上翘的造型。
❷ "帮底分件"指先将鞋帮与鞋底先分开来制作，再缝制结合的制作工艺。

在旧石器时代，原始人类已经可以使用简易的打制石器进行生活生产实践活动。先民们居住于洞穴之中，以采集天然果实和捕鱼狩猎为生，过着十分艰苦的群居生活。旧石器时代的山顶洞人已经初步掌握了取火、钻孔和磨制骨针等技术，这为足服的出现和制作提供了工艺支持。远古时代的足服，按制作材料的不同主要分为皮制鞋和草编鞋两种类型。旧石器时代的人类在与自然的搏斗与相处中学会了用兽皮披在身上御寒，而且能够用兽皮来保护双脚❶。韩非子在《五蠹》中记载："古者，丈夫不耕，草木之实足食也；妇人不织，禽兽之皮足衣也。"人们以天然兽皮为材料，利用锋利的石器在兽皮的边缘处穿凿切割出一个个小孔，用兽皮制成或草编的绳子将这些小孔穿起来，拉紧系牢，将双脚裹起来，形成了"裹脚皮"，这便成了足服的雏形。这种皮制鞋可以御寒防冻，保护足部不受外力伤害，一般流行于比较寒冷的地区。

在比较温暖的地区，草编鞋比较多。原始的草鞋制作更加容易，选用一些比较宽大结实的树叶或树皮，或者一些结实的野草、根茎裹在脚上，再用一些枝条藤蔓绑牢固定。经过不断地发展改良，人们又发明了编织工艺，学会将这些长条状的干草、藤蔓、植物纤维等简单地编织起来，形成编织物，使草鞋更加结实耐用，也更加保暖。另外，值得关注的是，由于时代的特殊性，原始的鞋一般不分左右脚❷，也基本不分性别。

到了新石器时代，社会生产力有了进一步提高。足服形式逐渐变得多种多样了，最为典型的是出现了靴形和"鞋翘""帮底分件"的构造。新中国成立以后，我国考古专家先后发掘出多件极具学术研究价值的鞋履，为我们探寻史前足服的发展轨迹提供了第一手资料。在辽宁凌源牛河梁红山文化遗址中，发现了一件残缺的女性裸胸红陶人物塑像。残高不足10厘米，其头部、右腿缺失，左足上明显穿着短勒靴（图1-1）。可见早在公元前3500年，靴已经出现，而且不仅如此，鞋翘也在此时出现了。甘肃玉门曾出土一件新石器时代着翘头靴的"人形双耳彩陶"（图1-2）❸。此陶人高近20厘米，双脚着高筒靴。该靴靴型宽大厚实，靴头微翘，是判断新石器时代已有鞋翘造型的有力实证。

❶ 骆崇骐. 趣谈中华鞋史[M]. 上海：东华大学出版社，2014.
❷ 关于鞋履不分左右脚的特性，一直延续至清末时期，如清末妇女弓鞋，从实物来看依旧保留着"不分左右脚"的古代造型特征。
❸ 沈从文. 中国古代服饰研究[M]. 北京：商务印书馆，2011.

图1-1　新石器时代着靴陶人物残像
（引自沈从文．中国古代服饰研究[M].
北京：商务印书馆，2011.）

图1-2　新石器时代着翘头靴人形彩陶罐
（引自沈从文．中国古代服饰研究[M].
北京：商务印书馆，2011.）

　　针对"帮底分件"，其实证是青海乐都辛店文化出土的一件保存完好的彩陶靴。如图1-3所示，靴底前圆后方，中高靴帮，靴身绘有明显条纹和三角形装饰图案，且讲究比例、对称等形式美，可见远古时代的足服虽在最初只关注防寒御侵的功能性，但后来也开始追求装饰审美效果了。据其发现者青海省文物考古研究所文博馆员李国林先生等考证研究，彩陶靴口直径为6.6厘米，圆形靴口微张。彩陶靴的帮与底衔接连贯，有流畅和清晰的缝合线迹。而靴帮与靴底的连接处呈向外凸出的内纳状，应是反绱工艺的证明。总之，此靴与现代靴型极为相似，彰显了3000多年前河湟先民丰富的创造力、审美能力以及精湛的制鞋工艺。"帮底分件"的出现说明人们已经脱离了用兽皮或茎叶等直接包裹或编织出鞋履形态的"原始鞋"状态，发现了鞋底的特殊性。从功能视角出发，鞋底对于整个鞋型设计具有重要必要性。鞋底区别于鞋帮，需要更强的耐磨性，因此需要单独制作。可贵的是，这一制鞋理念一直影响到现在。

　　此外，木屐也起源于远古时代。1988年，在浙江宁波慈湖新石器时代晚期遗址中出土了一副残存的木屐，属于无齿（跟）的平板屐。屐长21.2厘米，前端脚掌部宽8.4厘米，后跟宽7.4厘米。如图1-4所示，屐面平坦，前宽后窄，略呈足形，前端一侧、屐板中间和后端两侧各凿一小圆孔，每只木屐上共计五个小孔。在着地的底面，在其中部与后端的圆孔间分别挖凿一道宽约1厘米的横向浅凹槽，以便把穿入、作为系带的绳索嵌入槽中，不至于行走时把绳索磨断。此木屐经碳14测定，距今长达5000多年，是中国乃至世界最早的木屐实物。这是我国的原始先民为适应江南气候炎热、潮湿等自然环境而创造的一种足服[1]。

图1-3 新石器时代彩绘陶靴
（引自沈从文. 中国古代服饰研究[M].
北京：商务印书馆，2011. ）

图1-4 原始木屐（正、反面）
（引自钱金波，叶大兵. 中国鞋履文化史
[M]. 北京：知识产权出版社，2014. ）

第二节 先秦汉族民间足服

先秦，指秦朝以前的历史时代，经历了夏、商、西周，以及春秋、战国等历史阶段。在这一阶段，政治经济文化都取得了空前的发展。奴隶社会开始向封建社会转型；农业主导的经济模式不断发展成熟；学术思想自由，文化繁荣，产生了孔子等诸子百家，史称"百家争鸣"。

先秦的足服在远古时代足服的基础上也取得了长足的发展，出现了最早

---

[1] 钱金波，叶大兵. 中国鞋履文化史[M]. 北京：知识产权出版社，2014.

的布鞋——葛屦和麻屦。最早的布是由麻、葛等原料编织而成，成为有据可考的最早布鞋。布鞋原料来源广泛，葛和麻的生命力都极其旺盛，几乎遍布我国各地，其茎皮纤维供织布和造纸用。葛在古代民间应用甚广，葛衣、葛巾均为平民服饰。《诗经·国风·魏风·葛屦》诗："纠纠葛屦，可以履霜。"葛藤编的鞋子缠绕在脚上，怎能一直穿到地上落寒霜。这是一首讽刺的诗，实际上葛屦是夏季天气炎热时穿着的，《仪礼》载："屦，夏用葛……冬，皮屦可也。"冬季应该换上保暖的"皮屦"。因为诗人是一位寄人篱下的缝衣女工，贫苦百姓，所以到了霜降寒冬，依然脚踩夏季的葛屦。

虽然先秦时代的葛屦在文献记载中经常出现，但是目前出土的实物却不多，相比而言，麻屦的实物出土却有很多。20世纪70年代，湖北省宜昌市当阳金家山九号春秋楚墓出土了一双麻屦，由麻布缝合，长28厘米、宽9厘米、帮高4厘米（图1-5）❶。随后，在1983年，河南省光山县又出土了春秋早期黄君孟夫妇墓的麻屦底两件，鞋底长34.5厘米、宽7～9厘米、底厚1厘米，外观呈酱黑色，由宽1厘米的长条状纤维编织而成，每隔2厘米穿系一根麻绳，共35系，长条片采用"人"字形编织法编成（图1-6）。❷由此可见先秦时代麻屦的设计与制作已经比较成熟了。

图1-5 春秋时代麻屦
（引自高应勤，王家德. 当阳金家山九号春秋楚墓[J]. 文物，1982（4）：44-45.）

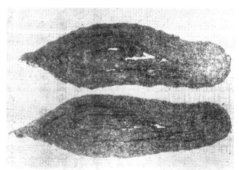

图1-6 春秋早期民间麻屦底
（引自欧潭生. 春秋早期黄君孟夫妇墓发掘报告[J]. 考古，1984（4）：328-329.）

❶ 高应勤，王家德. 当阳金家山九号春秋楚墓[J]. 文物，1982（4）：44-45.
❷ 欧潭生. 春秋早期黄君孟夫妇墓发掘报告[J]. 考古，1984（4）：328-329.

至周朝，出现了鞋底纳线的工艺。从山西侯马出土的东周武士跪像背面，明显可见鞋底上布满一行行整齐的线迹，与今天的纳底鞋完全一样（图1-7）。另外，缝制纳底鞋必备的工具——铁针也出现在这一时期，两者不谋而合，互为印证。而且在后来出土的秦墓兵马俑中，跪地的弓弩手所穿之鞋同样布满一行行密密麻麻的针脚。从来自武士和兵马俑的出土实物来考究我国鞋底纳线形制的起源，判断其很可能是作为一种军事装备，同"绑腿"一样，都是首先应用在军队官兵足服上，因为官兵们在自然环境恶劣的野外作战，对足服尤其是鞋底的耐磨坚牢度有极高的要求；其次因其具备良好的实用性能，才在民间出现并流行。

图1-7 东周武士鞋底纳线
（引自《中国历代鞋履研究与鉴赏》）

此外，木屐作为制作简易和成本低廉的一种足服，受到民间劳动百姓的喜爱。至春秋战国时期，木屐已经在民间流行开来。

第三节 秦汉魏晋南北朝汉族民间足服

秦汉时期，高度集权的"大一统"政治体制形成，在黄河中下游、长江中下游等地域基本建立起封建土地等级所有制，形成以皇帝拥有最高所有权，世家地主、豪族地主、高资地主次之的政治经济体制。作为中国稳定的主体民族，汉族的形成以先秦的华夏族为核心，完成于秦汉之际。自秦始皇统一全国之后，汉承秦制，历两汉400余年的发展，一个统一、稳定、人数众多的汉族著称于世。同时伴随土地所有及封建等级制度的建立，官与民的二元对立也逐渐显现。

秦汉时，经过全国的统一与发展，人们的生活水平得到了很大提高，中原地区的人们已经普遍穿鞋了。秦汉时，履指丝履一类以帛制作的鞋子。自汉代以后，"屦"字被规定为草鞋的专用字，以示与其他鞋子的区别，可见草鞋在当时的重要性。又因为草鞋不值钱，人人会做，家家都有，无须假借，所以当时对草鞋又俗称"不借"，黄生《字诂》考证："不借，草屦名。"在草屦中，麻屦是民间百姓常穿的一种形制，因其手感比一般草屦细腻，穿着较为舒适，成本也比丝履要低，深受寻常百姓的喜爱。1975年，湖北江陵凤凰山一六八号汉墓发掘一双保存完好的"双尖翘头方屦"，出于内棺里尸体足部，鞋面、鞋底、鞋帮和鞋垫均为麻织。此鞋鞋面为白色平纹织的麻布，鞋底、鞋里和鞋垫均为麻线纳缝而成，鞋长29厘米、鞋头宽11厘米、鞋后帮高6厘米。鞋底有磨损痕迹，判定当为死者生前穿用后留下的。❶此外，汉以后，"履"成为足服的统称，有时也专指丝制的足服，《方言》有曰："丝作之者谓之履。"《孔雀东南飞》亦有"足下蹑丝履，头上玳瑁光"和"揽裙脱丝履，举身赴清池"。魏晋南北朝时，丝履依然十分流行。据马缟《中华古今注》载："东晋时，凡娶妇之家先下丝麻鞋一两，取和谐之意。"此外，这一时期的绣花鞋在史料中也常有记载，如陆机《织女怨》载"足蹑刺绣之履"等。刺绣的出现，标志着足服从实用加固功能到装饰艺术审美的演变开始。图1-8是北朝的一只绣履的残面，履的主体面料为褐色绢。与褐色绢履面缝合的还有一块浅黄色的绮织物，可能原来是绣履的衬里。在履面上有以浅绿、白、土黄、深褐等色的丝线绣出的图案，在履帮等处的图案为高6.4厘米、长7.6厘米的菱格，而履口处则绣出一条状纹样。这些绣线均加S捻，针法为平绣，针脚间距较大，因而略呈波浪形。

图1-8　北朝褐地刺绣菱格纹丝履残面
（中国丝绸博物馆藏品）

❶ 纪南城凤凰山一六八号汉墓发掘整理组. 湖北江陵凤凰山一六八号汉墓发掘简报[J]. 文物, 1975（9）: 6-8.

东汉以后，穿木屐的人越来越多，不分男女，都可以穿。《后汉书》记："延熹中，京都长者皆著木屐；妇女始嫁，至作漆画五采为系。"可见木屐在当时的盛行程度，是普通女性的日常足服。木屐种类丰富，制作木屐的材料主要是木材，故有木屐之名，木下设两根木棍形成"齿"，此种木屐叫"双齿屐"，雨雪时当套鞋使用，以防打湿鞋袜。唐代颜师古《急就章注》载："屐者，以木为之而施两齿，所以践泥。"道出此木屐的目的即是方便行走于泥泞之路的防滑之用。

至魏晋南北朝，木屐更加盛行。这个时期的木屐不仅用于出行，还用于家居。魏晋南北朝的木屐构造比较特别，一般由三部分构成：一是底板，作为底形，是屐的基础，以木料打造，古称"木扁"，上钻小孔数个，以穿绳系；二是绳带，古称"系"；三是屐齿，装于底板之下，造型有扁平、四方和圆柱体等多种，高度在6～8厘米，前后高低大致相平。此时期木屐钉屐齿的钉法主要为"露卯法"：将钉齿穿过屐底，露出钉尾，敲使弯曲，平贴屐里，此钉法可使屐齿不易松动。《晋书·五行志》记载："旧为屐者，齿皆达楄上，名曰露卯。太元中忽不彻，名日阴卯。"木屐和一般的麻底履等足服相比，更经得起磨损，而且木齿坏了还可以更换，因此特别适合户外活动。当时木屐的造型也有讲究，《晋书·五行志》记载："初作屐者，妇人头圆，男子头方。圆者顺之义，所以别男女也。至太康初，妇人屐乃头方，与男无别。"除了造型上的变化，南北朝木屐的使用也有其独特之处，据《宋书·谢灵运列传》记载，谢灵运"登蹑常著木履，上山则去前齿，下山去其后齿"。南朝宋诗人谢灵运生平喜好游山陟岭，为此特制了一种前后齿可装卸的木屐，在每次登山时都穿上此屐，上山时去掉前面的鞋齿，下山时则去掉后面的鞋齿，使木屐尽量适合山体坡度而方便行走。后人称这种特制的木屐为"谢公屐"，后世李白诗曰："谢公宿处今尚在，渌水荡漾清猿啼，脚著谢公屐，身登青云梯。"以为佐证。

此外，作为汉唐的转折，魏晋南北朝时期的造物艺术发展繁荣，表现出造物目的和美学内涵从单一到多元、艺术风格吸纳方式从保守到开放的时代特征❶。这种造物艺术介入到足服上，表现为足服款式的日趋丰富。从质地分，

---

❶ 汪炳璋. 从"深沉雄大"至"雍容典雅"之桥——析魏晋南北朝时期造物艺术[J]. 安徽建筑工业学院学报（自然科学版），2008（5）：43.

履有皮履、丝履、麻履、锦履等；鞋头的装饰也越来越多，从造型上分，履有笏头履、凤头履、鸠头履、分梢履、重台履、高齿履等（图1-9）。五花八门的鞋履，有的根据花样命名，有的根据色彩命名。其中，凤头、五色云霞、玉华飞头是女鞋的款式。重台履是男女都可穿的足服，高耸的履头为花朵形，还饰以织文，色彩丰富。且重台履的底较厚，穿上它使人显得身材修长。笏头履也是魏晋时期较受青睐的足服，是当时较时髦的款式。此鞋头部高翘，形似笏板，与高齿履不同的是其履头中间没有豁口，而是一个完整的扇形。河北磁县北齐高洋墓曾出土一件"大文吏俑"，其脚上所穿即"笏头履"。在东晋画家顾恺之《女史箴图》上，足蹬笏头履的人物形象更是比比皆是（图1-10）。此外，笏头起初也是男女有别，即男方女圆，但后来也不大讲究了，此演变规律与上述木屐头形演变颇为类似。

图1-9 翘头履（由左至右依次为歧头履、笏头履、高齿履、重台履）

（引自沈从文. 中国古代服饰研究[M]. 北京：商务印书馆，2011.）

图1-10 舆夫着翘头履

（引自沈从文. 中国古代服饰研究[M]. 北京：商务印书馆，2011.）

第四节　隋唐五代汉族民间足服

　　隋唐为隋朝和唐朝两个朝代的合称，是中国历史上较强盛的时期之一，尤其唐朝在政治、军事、文化、经济和科技上都有了很大的发展，彰显出雍容大度、兼蓄并包的风格。唐朝是丝绸生产的鼎盛时期，在丝绸品类、质量、产量及贸易上都达到了前所未有的水平，为唐代的繁荣做出了巨大的贡献。与此同时，精湛的丝绸织造技艺、繁荣的丝绸产业及文化也为足服的设计和制作提供了充足的材料。例如，织锦工艺在唐代就有了突破性的发展，由原来单纯的经线起花织法，发展到以纬线为主起花的新织法，人们称之为纬锦。由于纬线的灵活与多变，纬锦不仅色彩鲜明富丽，而且图案丰富多变，成为唐代重要的丝织品之一，对后世影响深远。新疆阿斯塔那唐墓曾出土一双锦鞋，鞋长29.7厘米、宽8.8厘米、高8.3厘米，选用唐代较典型的变体宝相花纹锦制成，锦面为浅棕色的斜纹组织，表面装饰由棕色、朱红色和宝蓝色三种丝线织造的宝相花纹，鞋头向上高高扎起翻卷的云头，内蓄棕草，形似卷云，男女均可穿着（图1-11）。

　　隋唐时代是对外交往频繁、胡汉杂居的时代，异域及少数民族的生活习惯、服饰风尚在文明互鉴中潜移默化地对汉族服饰文化产生影响。历史上，生活在漠南、漠北等辽阔草原、沙漠上的游牧民族，周围自然环境复杂，气候温差大，且常年骑马，因此高帮厚实的靴子能够很好地适宜其生产生活需求，不仅能够在骑马时护腿、方便勾踏马镫，也能在行路时防风防沙，减少阻力。深受北方游牧民族文化影响的隋唐，着靴风尚十分流行。隋朝出现了六合靴，唐朝出现了乌皮六合靴。新疆柏孜克里克千佛洞出土的一双唐朝男性长筒乌皮靴，靴身呈乌黑色，靴底长近30厘米，靴宽近10厘米，靴筒高达54厘米。不止男性，隋唐妇

图1-11　唐代云头锦鞋
（新疆博物馆藏品）

第二节　传统汉族民间足服史略

11

女亦好穿靴，在家或出行都常穿靴，且多以彩锦制成，质地厚实，外表美观，穿着舒适轻便，称为锦靴。此靴选用彩锦制成，质地厚实，外表美观，穿着舒适轻便。李白《对酒》诗曰："蒲萄酒，金叵罗，吴姬十五细马驮。青黛画眉红锦靴，道字不正娇唱歌。"描绘出一位十五岁的江浙姑娘，青黛画蛾眉，脚穿红锦靴的生动形象。民间除了锦靴，还有一种毛毡短靴，其靴底、靴帮均由羊毛等动物毛制成，靴筒没有乌皮靴那么高，一般至脚踝处。可见靴在隋唐时期的流行。

此外，唐代草履的编织技术已很精湛，草履深受唐代民间百姓的喜爱。在江南一带，穿草鞋十分普遍，由芒草、蒲草等一些耐磨损、耐水泡的枯草编织而成的草鞋是民间劳动百姓必备的生活用品。芒草是一种被短伏毛，茎高1～2米的杂草，芒茎外皮结实耐磨，吸水保暖，是编织草履的上选材料。孟浩然《白云先生王迥见访》诗云："手持白羽扇，脚步青芒履。"蒲草常生长于河湖岸边及沼泽地，叶片可作编织材料。蒲履穿著轻便，唐代甚流行。公元832年王涯奏议："吴越之间织高头草履，纤如绫縠，前代所无。费日害功，颇仍盛行。"为此，唐文宗曾禁止妇女穿蒲履，但仍盛行。胡应麟《少室山房笔丛·卷十二》记载："至五代蒲履盛行"。当时蒲履一直深受民间百姓的喜爱。除了芒草、蒲草，棕榈皮也可作为民间百姓编织草鞋的材料，唐代诗人戴叔伦在《忆原上人》道："一两棕鞋八尺藤，广陵行遍又金陵。"隋唐五代时期民间草履的普及和流行可见一斑。

五代十国是中国历史上的一段大分裂时期，自唐朝灭亡开始，至宋朝建立为止。在足服上，一方面沿袭了唐代的穿搭风尚，延续着唐代社会的遗风。另一方面，由于分裂时期的"末世情结"，社会上下在充满痛苦与感伤等情感意绪的同时宣泄着及时行乐的满足感。这种独特的社会风尚表现在足服上，即是汉族女性缠足、着小脚鞋习俗的滥觞。汉族女性的缠足起源有众多说法，目前最为普遍的一种说法即是缠足始于五代之说❶。相传南唐后主李煜的宫廷里有一位舞女，名叫窅娘。窅娘美丽多才，能歌善舞，时以长帛缠足，使脚纤小屈上作新月状，穿上素袜，装饰以珠宝绸带缨络，在高六尺的金莲花台上翩翩起舞，博得李后主的欢心。窅娘曼妙的舞姿及别致的缠足行为一时成为王公贵族女性争相模仿的对象，逐渐流行开来。

---

❶ 王志成，崔荣荣. 民间弓鞋底的造型及功能考析[J]. 艺术设计研究，2017（3）：45.

第五节　宋元汉族民间足服

至宋朝，"存天理、灭人欲"的理学思想占据着很高的地位，表现在服饰冠履上的保守与拘谨。发端于五代末期的汉族女性缠足习俗，通过缠裹女性的双足能够很好地约束和管理女性的行为，极大地契合了儒家礼教规范礼俗及"存天理、灭人欲"的理学思想。因此，汉族女性缠足习俗至宋朝开始迅速蔓延和发展，自宫廷贵族逐渐向民间富家女子中流行、普及开来。当时有一种叫"错到底"的缠足鞋❶，鞋头尖细，鞋底由两色粗布拼接而成。陆游《老学庵笔记》有相关记载："宣和末，妇女鞵底尖以二色合成，名'错到底'。"这种鞋子多以锦缎制成，上绣精美的装饰纹样，时人喜用红色布料，故又有红绣鞋之称。图1-12和图1-13为宋代缠足罗鞋，鞋面为黄褐色四经绞素罗，鞋里衬绢，纳缝而成，鞋为尖头翘首，也称弓鞋，从鞋形可看出这是一双用于缠足的小鞋。不过，从这双鞋子看，当时的缠足虽然已经开始，但却没有像明清女性那样追求极致"细、小、尖"的审美形态，整个尺寸只是在缠裹后相对天然足而变小。

图1-12　宋代缠足罗鞋　　　　图1 13　宋代缠足罗鞋
（中国丝绸博物馆藏品）1　　（中国丝绸博物馆藏品）2

至元代，汉族妇女缠足风气更盛，富贵家女子无一不缠足。如元伊世珍《琅记》中卷载："木寿问于母曰：'富贵家女子必缠足，何也？'其母曰：'吾

---

❶ 缠足鞋指缠足妇女所穿之鞋，这里之所以不称其为弓鞋，是因为缠足伊始，所缠之足和所穿之鞋并未达到和形成脚底和鞋底上弓的弯弓之势，以弓鞋称之实有不妥，故以缠足鞋统称。

闻之，圣人重女，而不使之轻举也，是以裹其足。故所居不过闺阈之中，欲出则有帷车之载，是无事于足者也。'"足见礼教思想建构下民间妇女对于缠足的向往和践行程度。1975年在山东邹县考古发掘一座元代至正十年（1350年）的墓葬——李裕庵墓。李氏墓出土了大量以丝、棉、麻织品制作的男女衣裳和鞋帽，共计55件，其中有一双花绸地绣花鞋（图1-14），从尺寸上看，鞋底长20厘米、鞋帮高5厘米[1]，其鞋头尖锐上翘，鞋底前尖后圆，宽度十分窄小。不管是尺寸还是造型，都是缠足鞋的典型特征[2]。因此这是一双缠足妇女服用的缠足鞋。此外，此鞋在鞋帮与鞋底均刺绣了精美的植物花卉装饰纹样，并且这种纹样装饰的经营位置与近代足服基本一致，即布满鞋底和集中在鞋帮前端[3]。

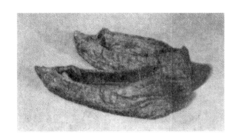

图1-14　元代妇女缠足鞋
（引自王轩. 邹县元代李裕庵墓清理简报[J]. 文物，1978（4）：17-20. ）

在宋元时代的汉族民间，虽然随着缠足习俗的发展，由布料制成的缠足鞋逐渐成为民间妇女的流行足服，但是这种情况仍然停留在经济实力较高的富家女子身上，她们足不出户，有缠足的条件和资本。而贫困和身份低贱的妇女，迫于生计需要进行大量的户外劳作，因此无法正常缠足，穿着与男子一样的鞋履，基本以草鞋和木屐为主。苏轼曾在《定风波·莫听穿林打叶声》里写道："竹杖芒鞋轻胜马，谁怕？一蓑烟雨任平生。"又于《次韵答宝觉》诗中写道："芒鞋竹杖布行缠，遮莫千山与万水。"这两首诗皆作于苏轼被贬落魄、穷困潦倒之时，由此可见，芒鞋等草鞋是当时广大贫苦百姓所穿之鞋。北方百姓多穿布鞋和草鞋，南方人多着木屐，《宿望湖楼再和》："夜凉人未寝，

---

[1] 王轩. 邹县元代李裕庵墓清理简报[J]. 文物，1978（4）：17-20.
[2] 王轩. 谈李裕庵墓中的几件刺绣衣物[J]. 文物，1978（4）：21-22.
[3] 详见本书第三章对足服纹样装饰位置的论述。

山静闻响屐。"木屐在山中行走的情形便跃然纸上，也可见木屐在宋元时期的流行，尤其在多雨潮湿、道路泥泞的江南一带，当时生活在江南地区（浙江绍兴）的陆游在《买屐》中详述："一雨三日泥，泥乾雨还作。出门每有碍，使我惨不乐。百钱买木屐，日日绕村行，东阡与北陌，不间阴与晴。青鞋岂不佳，要是欠耐久；何当踏深雪，就饮湖桥酒？"由此可见，木屐成为当时南方地区人们出门穿着的足服首选。

第六节　明清汉族民间足服

　　明清是封建社会由盛而衰的时期，这一时期皇权高度集中，封建专制主义集权加剧，资本主义萌芽出现并缓慢发展，思想受到严格控制。明代，随着商品经济的发展，丝绸织绣技艺不断出新，棉织、刺绣和织锦等纺织工艺不断发展和成熟，为明代足服制作与装饰的发展和繁荣奠定了物质和技术基础。从目前出土发掘的大量地下遗存来看，明代汉族民间足服在制作材料、造型设计和纹样装饰上都十分丰富。女鞋以鞋头上翘的翘头鞋（或称"凤头鞋❶"）最为流行，鞋帮上还有精美的刺绣。在江西德安曾发掘过一座明代熊氏墓，墓里出土一双女式翘头鞋（图1-15），鞋头微微翘起，鞋长29厘米、底宽5.3厘米、帮高5厘米，面料采用褐色罗面制成，里料为白色粗棉布❷。在江苏泰州明代刘湘夫妇的合葬墓中也出土了一双女式的花缎翘头鞋（图1-16），其鞋底已经腐烂，仅剩鞋帮，但鞋帮保存十分完好。此鞋鞋头高高翘起，像凤头一样，故也称"凤头鞋"，鞋长20厘米，帮高5厘米，采用米黄色暗花缎制作，后帮处缝有一块花缎鞋拔❸。明代汉族民间的足服伴随小农经济及商品贸易的发展和萌芽，在制作材料和装饰技艺上有了很大的进步，除了草鞋、麻鞋，精美舒适的布鞋逐渐成为日常足服的主流。

---

❶ 凤头鞋原指鞋头装饰凤头造型的鞋型，也可代指鞋头高高向上翘起的翘头鞋。
❷ 于少先，周迪人，邱文彬. 江西德安明代熊氏墓清理简报[J]. 文物，1994（10）：32-34.
❸ 叶定一. 江苏泰州明代刘湘夫妇合葬墓清理简报[J]. 文物，1992（8）：75-76.

由于明初民间足服装饰日趋精美，竞相华丽和标新立异，为维护社会等级制度，官方在制定《舆服制》时，对民间足服制度也做了严明的规定，在足服制作选材和色彩等装饰上有着十分严厉的限制。例如，针对靴型，《明史·服舆志》明确记载："（洪武）二十五年，以民间违禁，靴巧裁花样，嵌以金线蓝条，诏礼部严禁庶人不许穿靴，止（只）许穿皮扎革翁❶，惟北地苦寒，许用牛皮直缝靴。"由于当时民间制靴的奢华精美，礼部甚至禁止庶人穿靴，只能穿皮札（革翁），并且只有在天寒地冻的北方地区，才允许用牛皮直缝靴，否则视为违法，会受到相应的处罚。故民间足服的制作和服用受到朝廷的管制和施压，直至明代中晚期，民间靴型的设计与制作在精美程度上仍然有所限制和顾忌。江苏泰州明代徐蕃夫妇墓出土过一双白布底黑缎靴（图1-17），靴底长31厘米，密密麻麻地纳满了针脚，靴帮高达40厘米❷。此外，在江苏泰州出土的明代刘湘夫妇合葬墓，还发掘一双男式素缎靴（图1-18），此靴有残缺，靴高42厘米，靴底长31厘米，靴筒围50厘米，材料采用棕色素缎制成，上无任何纹样、色彩等装饰。因此这两双明代的靴子从选材到装饰都比较简朴，证实了当时官方对民间足服的严格规制。

五代以来的缠足与弓鞋一直流行于宫廷、贵族和民间富贵家庭之中，是高贵、富贵妇女的专利，是效仿上层社会成为社会风尚发展的主要模式。因此在管理严格的时段，民间相对贫贱阶层的妇女还会被明令禁止缠足。明初就有禁令颁出，沈德符《万历野获编》："浙东丐户，男不许读书，女不许裹足。"政府明令禁止下层女子缠足，使缠足与读书相提并论，成了有钱人家的专利。但这并没有打消民间缠足的热情，反而促使缠足成为财富、地位和荣耀等的象征，助长了民间缠足之风。"双足弓小，五尺童子都知艳羡"的可望而不可即、求之而不得的状态，不断加剧人们对于缠足的崇尚心理。在四川新都县（今新都区）曾发掘出土三双明代民间妇女穿的缠足鞋，鞋帮前端向上翘，作鸡冠状，后跟有布搭❸。一双帮上绣花，其底较帮为短，其余两双帮上无花，底与帮的长度相同。底皆前端尖小而后端圆阔，用丝线扎制，底长

---

❶ 皮札（革翁）穿时先将皮统札缚于小腿上，下面再穿鞋履，类似普通鞋履加上绑腿（鞴）的样子，相对靴来说，皮札（革翁）的鞋和鞴是分离的，并不缝在一起。

❷ 黄炳煜，肖均培．江苏泰州市明代徐蕃夫妇墓清理简报[J]．文物，1986（9）：6，14．

❸ 布搭即鞋拔。

16.5～20厘米，帮长22.5～20厘米（图1-19）[1]，鞋底形态前尖后圆是缠足鞋最典型的形态之一，并且鞋的尺寸在16.5～20厘米，明显小于不缠足成年妇女裸足的尺寸，由此可以判断这三双鞋都是缠足习俗的产物，也可判断在明代民间崇尚缠足的社会风气之下，缠足与弓鞋在民间已经逐渐普及开来。

图1-15　明代女式翘头鞋
（引自少先，周迪人，邱文彬. 江西德安明代熊氏墓清理简报[J]. 文物，1994（10）：32-34.）

图1-16　明代女式花缎翘头鞋
（引自叶定一. 江苏泰州明代刘湘夫妇合葬墓清理简报[J]. 文物，1992（8）：75-76.）

图1-17　明代女式白布底黑缎靴
（引自黄炳煜，肖均培. 江苏泰州市明代徐蕃夫妇墓清理简报[J]. 文物，1986（9）：6-14.）

图1-18　明代男式素缎靴
（引自叶定一. 江苏泰州明代刘湘夫妇合葬墓清理简报[J]. 文物，1992（8）：75-76.）

图1-19　明代缠足小脚鞋
（引自1957年《考古通讯》）

[1] 赖有德. 四川新都县发现明代软体尸墓[J]. 考古通讯，1957（2）：19-24.

至明末清初，缠足风俗已经蔓延至社会各阶层的女子，不论贫富贵贱，都纷纷缠足，推崇至以三寸为美的审美取向，民间称缠得小的裸足为"三寸金莲❶"，并且发明了"三寸金莲"所穿的高底弓鞋。李渔在《闲情偶寄》中曾详细论述这一现象："鞋用高底，使小者愈小，瘦者愈瘦，可谓制之尽美又尽善者矣。然足之大者，往往以此藏拙，埋没作者一段初心，是止供丑妇效颦，非为佳人助力。近有矫其弊者，窄小金莲，皆用平底，使与伪者有别。殊不知此制一设，则人人向高底乞灵，高底之为物也，遂成百世不祧之祀。有之则大者亦小，无之则小者亦大。尝有三寸无底之足，与四五寸有底之鞋同立一处，反觉四五寸之小，而三寸之大者。"而且"三寸金莲"弓鞋的纹饰也颇为讲究，年轻女子多绣牡丹等色彩鲜艳的图案，寓意富贵荣华，老年妇女则常绣蝙蝠等，寓意多福多寿，如图1-20、图1-21是两双清代缎地彩绣荷花和云纹缠足弓鞋。

图1-20 清代缎地彩绣荷花缠足弓鞋
（中国丝绸博物馆藏品）

图1-21 清代缎地彩绣云纹缠足弓鞋
（中国丝绸博物馆藏品）

满族入关以后，建立形成统一的清王朝。虽然官方试图颁布条例废除汉族服制，但随后在"十从十不从"的影响下，汉族女性服饰及用品仍然沿用了明代的形制❷。因此，汉族民间足服并没有受到多大影响，流行的鞋子式样仍有很多，有云头、扁头、双梁、单梁等。后受满族妇女的花盆底鞋（即高底鞋）影响，汉族妇女一度崇尚高底，有厚底及存者，俗称"厚底鞋"。此鞋以缎、绒做面，鞋面浅而窄，鞋帮有刺绣等装饰，顶面作单梁或双梁式，后觉高底不便劳作，乃改为薄底。民间男子一般着尖头靴，按清朝的规定，只

---

❶ "三寸金莲"中的"寸"是长度衡量单位。现代语境中三寸近10厘米，相当于成熟男性虎口的三分之二。但古时中国的测量单位无定制。一寸的实际长度在古时各朝代均有差异，在同一时代不同地区也有区别。所谓"三寸金莲"，更多的是一种审美性的文学表达，或文学性的审美表达，不可精求衡量。

❷ 崔荣荣，牛犁. 清代汉族服饰变革与社会变迁（1616~1840年）[J]. 艺术设计研究，2015（1）：49.

有入朝的官员才允许穿方头靴，民间男子制靴的材料有素缎和青布等，款式结构上有夹层的，适用于春秋季节，也有棉靴，适用于寒冬腊月，随季节的变化而更换。除此之外，民间劳动者也有穿草鞋和棕鞋的。在南方，穿木屐的现象较为普遍，沪地还有一种画屐，即在木屐上画些装饰纹样。

此外，与服饰制度一样，清朝的鞋履制度同样十分严格。民间女子不可在足服上用金绣和珍珠配饰，不可设计龙凤图案，不可服用明黄色与绿色等。贵族女子可用杏黄色以及金黄色。为了美观、漂亮，智慧的传统女性选用铜铃、绒球做装饰，刺绣丰富多彩的蝴蝶以及各式花鸟图案，在巧妙地规避官方律例的同时，制作出一双双精美绝伦的绣花鞋，展现出民间女工的高超技艺与智慧。

第七节　近代汉族民间足服
（1840～1949年）

1840年以后，随着鸦片战争爆发，西方列强敲开了古老封闭的清王朝大门，携带工业文明的西方多民族侵入中华民族，中国封闭、落后的传统封建社会与文化受到了极大的冲击。在此过程中，汉族传统的缠足文化开始被认为和发现其本质上是对妇女生理和心理的残害与统治。光绪二十年（1894年）郑观应在《盛世危言·女教篇》中指出："妇女缠足，合地球五大洲九万余里，仅有中国而已。"强烈抨击了中国妇女缠足陋俗。光绪三十二年（1906年）"皇太后以现今女学发达极为速快，每于召见军机王大臣时恒谆谆巡示放足一事，盖欲破除数千年之积弊而开女子之新世界新历史云"。慈禧实行新政以后颁布多项劝诫缠足的上谕，各地方官府积极响应和倡导"禁止缠足"的示谕。

在19世纪末至20世纪初的十多年里，全国上下许多放足运动团体蜂拥而起，形成了官方与民间完全统一的以反对妇女缠足为核心目的的放足思潮。辛亥革命以后，孙中山即刻颁布缠足禁令："为此令仰该部，速行通饬各省，一体劝禁。其有故违禁者，予其家属以相当之罚。切切此令。"将国家对于缠足的态度从情感性的劝诫转变为法律性的惩戒，从立法和司法的层面强制"放足"；在1940年决定："对未满16岁之女施以缠足，妨碍其自然发育者，应依刑法286条第一项判处家长伤害罪，处五年以下有期徒刑，或500元以下罚款。"经过清末以来轰轰烈烈的放足运动的开展，从社会总体上来看，缠足现象呈现出乡村多于城市，小城镇多于大城市，内地多于沿海的民俗转变基本格局。在如此社会格局中，直至民国末期，实际上汉族民间的缠足现象也未彻底瓦解和灭迹。真正意义上的"禁缠"与"放足"在新中国成立之后才逐渐得以实现，而放足的声浪与思潮也一直伴随着缠足现象的残存而存在。

因此，近代汉族民间妇女足服呈现出几种款式并行的独特局面，即缠足弓鞋、放足鞋与天足鞋三种鞋型并存的局面。近代弓鞋的造型比较丰富，尤其表现在鞋底上，有高底弓鞋，有低底弓鞋（图1-22），也有平底弓鞋（图1-23），并以后两种为主。放足鞋民间又称"放脚鞋""半大鞋"和"缠足放"等，是放足后妇女的专用鞋（图1-24）。当时流行的放脚鞋有两类，一类为自做自绱的放足布鞋，大多采用布或缎料，素面无花，样式简朴，鞋型又尖又窄，矮帮上缝有较宽的鞋带，穿时系上，以防脱落，穿者主要为中老年妇女和农村地区的放足妇女。另一类是缎面绣花鞋，大多薄皮平底，为城市中青年妇女们穿用。鞋型较宽，前部圆尖，后部圆肥，一般由匠人制作。天足鞋则是近代妇女出生后便受放足思潮影响而直接摒弃缠足旧俗，保留天然足形而穿的鞋型（图1-25），其鞋型与现代足服一样。

图1-22　老照片中近代穿低底弓鞋的缠足妇女

图1-23　近代平底弓鞋
（江南大学民间服饰传习馆藏品）

图1-24　近代放足鞋　　　　　　　　　　　图1-25　近代天足鞋
（江南大学民间服饰传习馆藏品）　　　　　　（江南大学民间服饰传习馆藏品）

　　此外，近代尤其是民国以后的女鞋，除了上述以外，还出现了西式的鞋类。民初伊始，在上海等受西洋文化影响较大的都市，妇女足服日趋华丽，为了搭配西式服装或新式旗袍等精美服饰，人们逐渐流行穿西式皮鞋、皮靴和高跟皮鞋等（图1-26、图1-27）。早期率先进入上海市场的西式皮鞋，其设计合理，穿着舒适，很快受到女性们的欢迎。皮鞋以牛皮、猪皮、羊皮等为主要材料，款式大都以欧美时尚为标准。制作与销售女式皮鞋的厂家与商家日益增多，为女性们选购皮鞋提供了广阔场所。民国中后期，女式皮鞋面料又相继流行金皮、银皮、京羊皮、漆皮、麂皮等，鞋上常缀有以镶嵌、编结等手法制成的皮结、水钻、小铃等饰件，更显得华丽时尚，如图1-28所示为民国后期的一双拖鞋，帮面以亮珠绣成精美的装饰纹样，鞋底以纯羊皮制作，工艺十分精良，整体风格华丽贵气，民国时期都市西式女鞋的精美与华丽由此可见一斑。

　　近代的男鞋，相较于女鞋复杂的局面，显得相对简单，主要体现在西式与中式的二元区别上。在打开通商口岸的上海等城市，男鞋与女鞋一样，不断吸收西方足服文化的元素，至民国以后则基本西化了。这种西化表现在当时十分流行的皮鞋上，所谓"西装革履"，就是指当时十分流行皮鞋搭配西服、大衣的穿法，其中最流行的当属鞋头圆润扁平的黑皮鞋，此鞋采用黑色纯牛皮作为面料，内衬斜纹布里或直接选用羊皮等质地相对轻薄柔软的真皮。除了黑皮鞋，当时还出现了更加时髦的白色皮鞋❶。

　　虽然在一些发展的、先进的都市，男鞋显得洋气而精美，但是这并非近代男鞋的全部，而只是其中的一小部分。近代的中国社会，民间百姓受到战争及自然灾害的不断侵害，生活十分困苦。生活在社会底层的劳动人民，其足服变得十分简朴，简朴到穿上布鞋都变成了一种奢侈。这种少有的足服现象从现存大量当时的影像资料中可以得到证实，图1-29是美国摄影师Sidney. D.Gamble拍摄的两张照片，照片上的男人不约而同地穿着草鞋，而且草鞋的造型和制作都十分简单和粗略，除鞋底外，鞋帮仅由几根草绳绕成，能够将鞋底绑在脚底下即可，完全不顾脚面的防护，更无装饰可言。除了这两张照片，现存还有大量拍摄近代劳动人民的影像资料，在里面很少发现以丝绸细棉等面料制作精良、装饰讲究的男鞋，看到的基本都是一双双制作粗糙的草鞋、麻鞋等（图1-30）。由此可见，在近代动荡落后的社会背景下，简朴粗略才是汉族民间男鞋的"主旋律"。

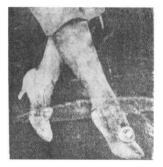

图1-26　近代西式女鞋
（引自1921年《时报图画周刊》）

图1-28　民国时期西式女拖鞋
（江南大学民间服饰传习馆藏品）

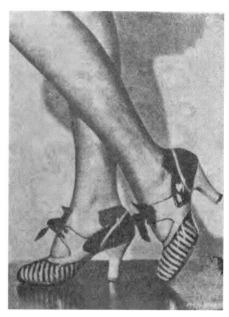

图1-27　近代西式女鞋
（引自1931年《中国摄影学会画报》）

---

❶ 钱金波，叶大兵．中国鞋履文化史[M]．北京：知识产权出版社，2014．

图1-29 近代民间穿草鞋的男人
（Sidney.D.Gamble摄影）

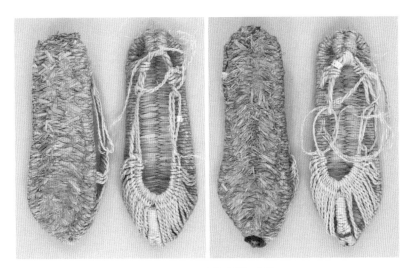

图1-30 民国时期的民间草鞋
（加拿大纺织品博物馆藏品）

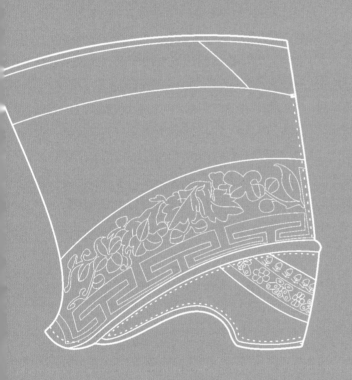

近代汉族民间足服分类及构造

　　汉族民间足服，从原始社会、夏商周、春秋战国到秦汉、魏晋南北朝、隋唐五代，再到宋元明清，直至近现代，经过历朝历代的发展、演变及变革等，在品类、形制、造型和结构上已经呈现出多样化、复杂化特征。通过从历史时间的纵向角度对近代汉族民间足服进行梳理和简述，重点以专题的横向角度对其展开在造型、结构、工艺等造物层面上的形式分析。在分析之前，先对汉族民间足服进行初步的分类，以期整体、简略地展示出汉族民间足服的丰富性和多样性。

第一节　汉族民间足服的分类

　　汉族民间的传统足服主要因物质材料水平、装饰艺术表现和社会生活表达三大方面的不同而存在着一定的差异，表2-1列出了在这三大分类依据指导下的十个具体的分类角度，其中制作材料、场合环境、民俗情感和民族审美是目前学术界针对足服分类较多展开的视角，也是民间分类足服，即称谓和命名足服较多采用的视角。

表2-1　汉族民间足服的多种分类

分类依据	具体角度	品类
物质材料	制作材料	草鞋、皮鞋、布鞋、棉鞋、木屐、胶鞋、塑料鞋等
	制作工艺	纳底鞋等
装饰艺术	装饰工艺	绣花鞋、锦履、缎靴等
	造型装饰艺术	高底鞋、高帮鞋、歧头履、笏头履、双齿屐等
	纹样装饰艺术	飞云履、如意履、鸳鸯履、牡丹鞋等
	色彩装饰艺术	乌皮靴、漆彩屐等

分类依据	具体角度	品类
社会生活	穿用对象	男鞋、女鞋、童鞋等
	穿用场合及环境	睡鞋、室内鞋、户外鞋、雨鞋、钉鞋、油鞋等
	民俗情感	婚鞋、寿鞋、殓鞋、莲鞋、虎头鞋、生财鞋、福字鞋等
	民族审美	缠足弓鞋、放足鞋、天足鞋等

一、按制作材料分类

　　民间足服从制作材料角度一般分为布鞋、草鞋、木屐和皮鞋等。布鞋使用土织布或丝绸织锦等面料制作，且其鞋底部件和鞋帮部件均由布料做成，一般有尖口、圆口（图2-1）、方口等造型，在各个地域的汉族民间均很常见。草鞋是用干枯后的蒲草、稻草、棕树皮等编织成型，常用于长江流域和齐鲁沿海地区，且南方地区多以蒲草（图2-2）或稻草（图2-3）为料，而齐鲁等北方地区多使用蒲草❶夹杂着麻棕进行编织。但是总体来看，蒲草是草鞋的主要材料。另外，夏天穿的草鞋多呈镂空状，形似今天的凉鞋，而冬季穿的草鞋又叫"蒲窝"，编制紧密，非常暖和，只是穿着略显粗糙使得舒适感较差。木屐则是选取天然木材为主体制作材料，即鞋底板（古称"木扁"），鞋帮一般钻孔以穿绳系，也有其他款式（图2-4），多应用在气候温湿、山体较多的地带。另外，在寒冷的北方地区，尤其在东北地区，冬季气温一般在零下几摄氏度甚至零下几十摄氏度，因此保暖性能优异的皮质足服成为人们的首选，如东北地区有名的"靰鞡鞋"就是以牛皮等动物皮制作。

图2-1　圆口布鞋（江南大学民间服饰传习馆藏品）　　图2-2　蒲草草鞋（江南大学民间服饰传习馆藏品）　　图2-3　稻草草鞋（江南大学民间服饰传习馆藏品）　　图2-4　木屐（江南大学民间服饰传习馆藏品）

---

❶ 蒲草是民间编制弓鞋的主要材料。蒲草有三个优点：（1）生命力旺盛，在民间广泛存在，容易获取；（2）质地柔软，表面光滑洁净，透气吸汗，穿着舒适感强；（3）纤维度高，韧性极好，易于编制成型。

二、按穿用场合及环境分类

足服从穿着场合及环境角度可以分为室内穿足服、户外穿足服、雨雪天穿足服、夏季穿足服和冬季穿足服等。室内穿足服鞋底松软而轻薄（图2-5）；室外穿足服因需要行走或劳作的关系，鞋底较硬耐磨（图2-6）；雨雪天穿足服江南地区称其"钉鞋"（图2-7），一般在形似蚌壳的鞋面上涂上一层桐油用来防水，鞋底整齐钉有圆形铁钉防滑，并能够保持鞋底与地面有一定的空间，从而使得鞋底不易进水；齐鲁地区称之为油鞋，又称"水鞋"，鞋底用麻绳，鞋帮用线纳得非常紧密和硬实，再在外面涂上桐油防水。气温寒冷的冬季穿着在面里料之间絮填棉绒等保暖材料的棉鞋（图2-8），其他季节则常穿单鞋。

图2-5　室内穿的睡鞋　　图2-6　户外劳作穿的鞋　　图2-7　江南地区雨天穿　　图2-8　冬季穿的棉鞋
（江南大学民间服饰传习馆　（江南大学民间服饰传习　　　的"钉鞋"　　　　　（江南大学民间服饰传
藏品）　　　　　　　　馆藏品）　　　　（江南大学民间服饰传习馆藏品）　　　习馆藏品）

三、按民俗情感分类

从民俗和情感的角度可以将民间足服分为婚鞋（图2-9）、寿鞋、殓鞋、莲鞋、虎头鞋、生财鞋、福字鞋等。顾名思义，婚鞋、寿鞋和殓鞋（民间也称"老人鞋""丧鞋"等）分别是民间百姓在结婚、做寿和丧葬的时候所穿用的，包含祝福、保佑等民俗寓意。这种浓烈的民俗情感还表达在儿童的鞋上，在做童鞋时，人们常用各种活泼、威猛、很有气势的动物形态来装饰，以表达健康、强壮、驱邪避祸等吉祥含义，如虎头鞋（图2-10）、狮头鞋、猪头鞋等。此外，还有一种叫"黄布鞋"的童鞋，曾在齐鲁临清一带颇为流行，每到端午节七岁以下的儿童须穿此鞋，此鞋以黄布为帮，白布为底，在鞋头和鞋帮用毛笔画"五毒"纹样（即蝎子、蚰蜒、蝎虎子、毒蛇、疥疤子），其意在"以毒攻毒"，驱走妖邪，禳避病害，以求平安。

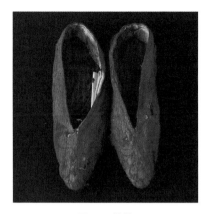

图2-9　婚鞋
（江南大学民间服饰传习馆藏品）

图2-10　虎头鞋
（江南大学民间服饰传习馆藏品）

四、按民族审美分类

　　民族审美的分类角度主要是针对汉族民间女鞋而言的，女鞋从社会审美的角度可以分为缠足弓鞋（图2-11）、放足鞋（图2-12）和天足鞋（图2-13）三种造型。缠足弓鞋因其鞋底向上弯弓而得名，是宋代以来汉民族妇女施行缠足之后所穿用的特殊足服，独具民族性。而从审美角度看，"瘦、小、尖"的弓鞋造型完全符合了宋代以来封建社会追求妇女文弱细瘦的审美趋向。放足鞋是在清末以后社会提倡放足期间出现的一种具有过渡性质的足服，适合已经缠足但又适当放开的足形，其尺寸介于弓鞋与天足鞋之间。天足鞋则是适合没有外力作用的天然裸足形态的足服，如江南水乡的"船型鞋""猪拱鞋"，齐鲁地区的"禅鞋"等，都是适合天然之足在户外田间行走劳作的足服造型，这种鞋穿着舒适方便，不束缚脚，能够更好地满足妇女的日常生活和劳动需要。

图2-11　缠足弓鞋　　　　图2-12　放足鞋　　　　图2-13　天足鞋
（江南大学民间服饰传习馆藏品）（江南大学民间服饰传习馆藏品）（江南大学民间服饰传习馆藏品）

第二节 汉族民间足服的构造——足服研究新视角

　　新中国成立以来，国内外研究中国传统服饰的学术界对于传统足服的研究，一方面基于考古从史学的角度考证足服的产生、发展及其在各历史时期的流变；另一方面基于史料和田野调查从社会学角度解读传统足服在传统文化中的多样表征。这两方面是传统足服研究的主体构成，都在抽象的语义层面上。而立足具象弓鞋物态的研究层面鲜有，并且"具体的"研究也未涉及结构的层面，疏于以实证方法进行有关传统足服结构方面的数据采集和制图考案这种实验科学上的研究，缺少更多科学指标性的研究成果。

　　受到我国建筑领域的先辈们对古代建筑做的大量系统的结构测绘和著录工作的启示，刘瑞璞教授团队以"清末民初汉族和少数民族典型服饰结构考据"作为标本研究的切入点编著了《中华民族服饰结构图考·汉族编》❶等。这是极具价值的继承和研究态度，值得足服研究借鉴。因此，本章针对汉族民间足服选取了造型及构造的研究新视角，提出一种基于实物标本的，以现代科学测量与绘制为手段的"科学式"造型表现和结构复原方法。首先从视觉的角度对足服的造型作出不同视角的形状描述，重点给出足服以廓型和拼接、分割等结构线为主的线性直观表达，同时记录下手缝线迹等传统女红的工艺痕迹。然而，由于透视现象的存在，外观视图的呈现不管从哪个角度观察，必然会引起形状上的误差。所以，从三维的空间形态回到平面的二维形状，以消除这种空间中的透视现象，更加客观、科学地记录实物的数据，即所谓的"结构"。"结构"是现代语境下服装工业中的术语，在传统民间，足服的结构有一种专属的称谓——鞋样。鞋样作为制作足服的样板，是由设计者根据足服的款式和尺寸要求，通过经验的总结，把组成足服的裁片画在纸上经剪切而成，是古代家庭女红和商业制鞋重要的资料。

　　据考证，现存最早的鞋样实物来自1988年9月出土的江西德安南宋周氏墓。根据出土墓志得知墓主为南宋时代新太平州（今安徽当涂）通判吴畴妻

---

❶ 刘瑞璞，陈静洁.中华民族服饰结构图考·汉族编[M].北京：中国纺织出版社，2013.

周氏。出土遗物涉及袍、裙、裤、鞋等大量保存完整的纺织服饰品及妇女与女红用品。其中有鞋样4件，置于鞋包内，计有鞋底样、鞋帮样各2件，以纸剪成。鞋底样长20～24厘米、宽6～7厘米。鞋帮样长19～22厘米、高4～5厘米❶。可见民间鞋样的存在至少可以追溯到南宋时期。除了出土实物，传统的鞋样还出现在一些女学类

图2-14　清初云鞋图样

实用书籍里。清代乾隆四十二年(1777年)遹修堂刊本，张履平辑《坤德宝鉴》卷八、卷九中记载了丰富的裁剪鞋样和绣花图样，其中有"童鞋花""童棉鞋云""童云鞋朝鞋"（图2-14）与"男鞋"。图样的线描精细美观，在交代了分解裁片的形状特征的基础上，还增加了装饰作用的刺绣或"衍缝"等花样。但是没有精确的尺寸说明，故而没有精准的比例关系。

　　另外，江南大学民间服饰传习馆藏民国二年（1913年）四月《福本子》印载大量鞋样，帮样、底样都有，同样附有白描的装饰图案范本（图2-15）。图2-16是中华人民共和国成立以后搜集回来的足服（童鞋）鞋样实物，与书中记载不同，民间的鞋样实物往往是作为直接复制的原样，通常由制鞋经验丰富的人员根据需求者双脚的尺寸和形态划剪而得。可见，尽管到了20世纪，传统民间对于足服结构的表现方式仍然没有实质性的改变，停留在形状层面。足服纸样的裁片与裁片之间、单个裁片各部位之间的比例关系是模糊不清的。因此，本质上这种传统的纸样是一种"经验式"的存在。

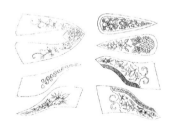

图2-15　民初弓鞋图样
（江南大学民间服饰传习馆藏品）

图2-16　民间童鞋等纸样实物
（江南大学民间服饰传习馆藏品）

❶ 李科友，周迪人，于少先．江西德安南宋周氏墓清理简报[J]．文物，1990（9）：12．

对足服实物标本进行全息数据采集和客观复原，测量方法和手段力求专业、准确。以拓取结合测量的方法最大限度地测绘和复原其制作裁片的平面结构图（净图样），将误差减小到最低值。总体上分为帮面裁片、内底裁片、跟体裁片和外底裁片，并对此进行结构图复原。记录各裁片的丝缕方向、形状特性、分割情况等结构属性，是获得可靠结论的基础。至此，考证测绘形成了"实物图—外观图—结构图"的基本数据库样本模型。在保证足服实物的记录之外，强化了结构的比例意识，相较于传统鞋样的"经验式"表现方式，提高了足服结构的准确性和科学性。

至此，自本章节开始对清末以来汉族民间足服实物标本进行全面、深刻、系统的结构图考证研究，得到文献研究不能企及的一手资料，特别是很多鲜为人知的细节数据、结构形态和技术信息，对已有传统理论有所补充、修正，甚至颠覆❶。由实物图、外观图和结构图组成的实物结构记录构成了研究足服物质文化的主体内容。通过对现有足服实物的科学测量和绘图，拟形成汉族民间足服的结构图谱，为研究中国传统足服提供新的研究视角和研究方法，为中国汉族纺织服饰文化谱系足服支系的抢救和传承及其特殊数据库构建提供记录、传承、采用和研究价值。

第三节　妇女主流足服——弓鞋的构造

一、弓鞋概述

弓鞋是中国传统妇女缠足后所蹬之鞋，因其鞋底向上弯如弓而得名。自我国汉民族传统缠足习俗诞生以来，作为传统缠足文化的物化载体和外在表现形式——弓鞋的设计制作便开始进入传统女红领域，经过上千年的发展演变，已成为汉民族服饰体系尤其是足服方面的重要组成部分❷。

---

❶ 刘瑞璞、陈静洁. 中华民族服饰结构图考·汉族编[M]. 北京：中国纺织出版社，2013.
❷ 王志成、崔荣荣. 民间弓鞋底的造型及功能考析[J]. 艺术设计研究，2017（3）：45.

早在五代时期毛熙震《浣溪沙》中已出现："碧玉冠轻袅燕钗，捧心无语步香阶，缓移弓底绣罗鞋。"这里"弓底绣罗鞋"描述了缠足伊始的弓鞋样式，只是当时鞋底"弯弓"程度还很小，缠足也未普及。南宋以后，缠足之风由宫廷贵族向民间蔓延并逐渐形成习俗。从出土的弓鞋实物看，如福建福州南宋黄昇墓出土翘头式罗制小脚鞋和江西德安出土南宋罗制翘头女鞋等，最小者仅13.3厘米。至明代，弓鞋已十分普遍，时人对"三寸金莲"弓鞋非常崇尚，近代传世弓鞋中高底、木底等造型及技艺特色在此阶段已形成。北京定陵出土明万历帝后陪葬弓鞋，头翘7.3厘米、底高4.5厘米，造型与近代颇为相似。至清代，缠足习俗达到鼎盛，清刘銮《五石瓠》卷六记载："惟士大夫历官南北者，归而变其内，竞习弓鞋。"其流行程度可见一斑。汉族妇女为了展现自己的手艺，制作出大量精美绝伦的"三寸金莲"弓鞋，且品类繁多，诸如喜鞋、坤鞋、尖口鞋、网子鞋、合脸鞋、套鞋、睡鞋、莲靴等，南北地区各异❶。弓鞋成为传统汉族妇女的主流足服。

二、弓鞋构成及其分类

（一）弓鞋的构成要素

一双常规形制的弓鞋，其帮部件由最外层面料、内壁里料和衬料或絮填料三部分缝合而成。鞋底通常设有内底和外底两层，高底弓鞋还设有支撑定型的跟体。其中，内底位于跟体上方，与足底接触；外底位于跟体下方，与地面接触；跟体由内置跟体与外包面料组成（图2-17）。本书"鞋底"取广义为统称，包括内底、外底、跟体部件及其外包多层布料、加固、拼接、缝制与装饰材料等鞋帮以下部件和材料的总和。

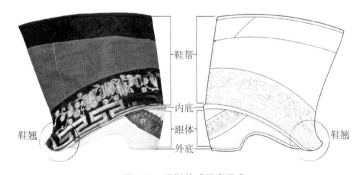

图2-17　弓鞋构成元素示意
（江南大学民间服饰传习馆藏品）

---

❶ 钱金波. 中国鞋履文化史[M]. 北京：知识产权出版社，2014.

（二）弓鞋的造型分类

从造型角度对弓鞋进行分类，通过对大量现存实物的观察、测量、分析，发现可依据的分类标准有很多，主要有底高、帮高、鞋翘、鞋长等。

按鞋底高低分有高底弓鞋、低底弓鞋、平底弓鞋和"无底弓鞋"四类。鞋底高度大于等于3厘米拟定义为"高底"弓鞋，小于3厘米且有跟体者定义为"低底"弓鞋，无跟体者为"平底"弓鞋，既无跟体也无外底者为"无底"弓鞋。如表2-2所示，在江南大学民间服饰传习馆藏的132双造型完好的弓鞋实物中，"平底"弓鞋的占比最高，占到50%以上，其次是"高底"弓鞋、"无底"弓鞋和"低底"弓鞋。

表2-2　民间弓鞋的鞋底造型分类分析

鞋底高底		实物标本图	外观及尺寸图（厘米）	数量（双）		百分比（%）	
有底	高底		4.0 / 0.3 / 2.0 / 4.2 / 9.8 / 0.2	29	117	22.0	88.6
	低底		0.3 / 0.8 / 13.5 / 0.2	11		8.3	
	平底		6.0 / 0.3 / 0.4 / 4.8 / 0.1	77	132	58.3	100
无底	无外底		0.2	15		11.4	

按鞋帮高低分有高帮弓鞋和低帮弓鞋两大类，高帮弓鞋又分为"高筒高帮"和"低筒高帮"两种（表2-3）。低帮弓鞋的帮高一般小于8厘米，"低筒高帮"弓鞋的帮高在8~12厘米，"高筒高帮"弓鞋的帮高则在12厘米以上。

其中，低帮弓鞋最为常见，占到了九成的比例。低帮造型在齐鲁地域、吴越地域、中原地域以及晋地域等各个汉族地域都十分常见。

表2-3　民间弓鞋的鞋帮造型分类分析

鞋帮高底		实物标本图	外观及尺寸图（厘米）	数量（双）		百分比（%）	
高帮	高筒高帮		脚口围度：30.0 0.3 2.3 1.8 2.5 21.5 21.0 21.7 0.5 2.0 3.5	2	13	1.5	9.8	100
	低筒高帮		脚口围度：31.0 0.4 1.8 7.4 4.0 0.3 2.0 4.2	11		8.3	
低帮			脚口围度：23.4 1.0 5.5 0.3 2.7	119	132	90.2	

鞋翘是弓鞋造型元素的重点之一，弓鞋鞋翘分两种情况，一是在鞋底保持平直不变的情况下，由鞋帮制成的鞋尖部位向上翘起；二是鞋底连带鞋帮一起上翘，即所谓"鞋底上翘"。鞋底上翘是鞋底前端重要的表现形式，在造型上既决定着鞋底样式和尺寸，又决定着弓鞋的服用和审美功能等。

整体而言，弓鞋可分为有鞋翘和无鞋翘两大类，其中有鞋翘细分为"卷翘""上翘""微翘"三类（表2-4）。"卷翘"鞋底上翘卷起呈半圆螺旋状，造型酷似田螺。选样实物标本鞋翘高4.8厘米，卷起圆形直径1厘米。在近代民间弓鞋中，此类型是鞋底上翘程度最大的造型之一，多与低帮造型搭配设计制作。以鞋底触地点和鞋尖为点，计量鞋底上翘角度发现："上翘"鞋底标本鞋尖高1.3厘米，上翘角度约30°；"微翘"鞋底标本鞋尖高1厘米，上翘角度约16°，程度约为"上翘"鞋底一半。"上翘"鞋底常见于清末高帮高跟弓鞋式样，"微翘"鞋底则广泛运用于20世纪前叶齐鲁、中原等北方地区（即黄河中下游流域）民间弓鞋的设计制作。

"无鞋翘"鞋底是指无任何上翘现象和上翘趋势的鞋底造型，有两种情

况：一是在鞋底平直无上弓形态的状态下，鞋尖也水平向前，对应弓鞋尺寸较大；二是鞋底上弓，程度有大有小，鞋尖不仅不上翘，反而随势向下屈曲，对应弓鞋尺寸窄小，是"三寸金莲"弓鞋典型造型之一。另外，鞋头的尖与圆形态包含在鞋底底形中，因此不做单独分类❶。

表2-4　民间弓鞋的鞋翘造型分类分析

鞋底上翘		实物标本图	外观及尺寸图（厘米）	数量（双）		百分比（%）	
有鞋翘	卷翘			9		6.8	
	上翘			16	68	12.1	51.5
	微翘			43	132	32.6	100
无鞋翘				64		48.5	

此外，弓鞋从造型的角度还有其他很多的分类依据，如按鞋长也可分为三寸弓鞋、四寸弓鞋、五寸弓鞋等；按鞋底弯弓的形态将弓鞋分为"弯弓弓鞋""平直弓鞋"；按照鞋头形态将弓鞋分为尖头弓鞋和圆头弓鞋等，这里不展开论述。

---

❶ 王志成，崔荣荣. 民间弓鞋底的造型及功能考析[J]. 艺术设计研究，2017（3）：46-47.

三、高底弓鞋的构造

缠足习俗虽然至明代中期已在民间普及，但民间制作的弓鞋形制仍以平底为主，17世纪前的木底高跟鞋实物还尚未被发掘出来，直至崇祯末年，高底弓鞋才开始出现。从造型上来看，高底弓鞋是清末妇女开始放足以前的传统缠足习俗衍生出的最标准的形制，服用木底弓鞋是缠足妇女缠足成功的标志之一。民国学者姚灵犀整编的《采菲录》中有《林燕梅女士自述缠足经过》："双足缠毕，着木底弓鞋。"双琴女士《双钩泪史》："母见吾脚已可观，遂赶制木底弓鞋令吾换易。"根据这些缠足妇女的口述，缠足妇女一般在十二岁之后十五岁之前待双脚缠"弓"成效后立即换蹬两头着地，中间上弓的木制高底弓鞋。木底弓鞋是实现弓鞋"弓"之关键特性的典型样式，通过对大量木底弓鞋实物的整理、分类分析，选取其中具有代表性的五双高底弓鞋实物标本从造型和构造的角度进行详细地拓取、测绘和研究。

第一双，红缎木底高帮翘头弓鞋。此弓鞋是汉族北方地区常见式样。鞋帮由帮面、中间夹层和帮里三部分组成。帮面材料主要为红色丝质缎面，中间设有夹层以作支撑固形，里料为藏青色棉质。其帮面最宽处14.2厘米，前帮高14厘米，后帮高14.5厘米，相差甚小，为水平型高帮弓鞋。帮面由两块面料拼接而成，后中心处开衩2.4厘米。脚口（亦称"鞋口"）绲边近0.3厘米，脚面处贴布4厘米，跟体贴布2厘米。脚口围度31厘米，帮身最窄处围度约27厘米，足底围度（即内底周长）与脚口围度相同。鞋尖上翘1.3厘米，鞋体略微前倾。

鞋底底形是决定弓鞋鞋形宽窄、尖圆、肥瘦的基础，十分重要。从图中看，弓鞋外底最宽2.3厘米，内底宽4.5厘米，总长14厘米，俯视视觉上鞋底前呈小圆弧形，后呈大圆弧形（图2-18）。底有三层，自上而下第一层为厚0.3厘米的布底，头部细长作三角状，用于鞋翘。第二层为立体跟体，高4.2厘米，主要起支撑作用；第三层纳线布底，厚0.2厘米，连接第一、第二两层，起固定、耐磨作用，三层底之间以缝线连接固定；鞋底总高4.5厘米，属高底型。鞋底纳线针脚排列规则有序；针脚长短不一，密集程度也不一样，边缘缝合处针脚较密集，1厘米约有5个针脚，一个针脚1.5毫米左右，但底部针脚只1毫米左右，为棉布松散性促使针线拉伸变形所致。纳底针脚密度较小，1厘米最多有3个。另外，该鞋底与帮面是明绱制作而成，既降低了缝制难度，又显得鞋形窄小瘦美。

（a）实物标本图

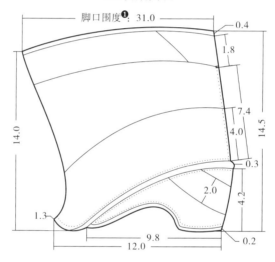

（b）外观尺寸图——侧视

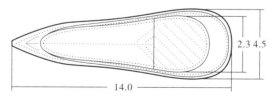

（c）外观尺寸图——仰视

图2-18 红缎木底高帮翘头弓鞋实物标本与外观尺寸（单位：厘米）
（江南大学民间服饰传习馆藏品）

对木底高帮翘头弓鞋实物标本进行全息数据采集和客观复原是获得可靠结论的基础，测量方法和手段力求专业、准确。总体上分为帮面裁片、内底裁片、跟体裁片和外底裁片进行结构图复原（图2-19）。帮面为两片式结构，跟体为一片式结构。在裁剪上，采用斜裁与直裁手法相结合。绲边和上部黑色面料贴边为45°斜裁，中间红色面料"直裁"❶，鞋跟侧面直裁，跟底斜裁。由此可见，传统女红的制鞋技术中对于斜裁技术的使用已然相当成熟。

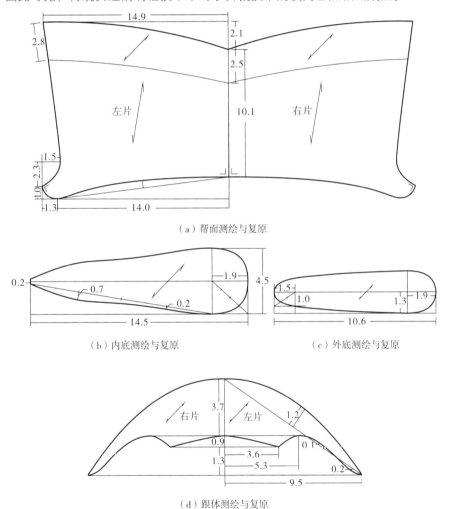

（a）帮面测绘与复原

（b）内底测绘与复原　　　　　　　（c）外底测绘与复原

（d）跟体测绘与复原

图2-19　红缎木底高帮翘头弓鞋标本全息数据采集和结构复原（单位：厘米）

❶ 实际丝缕方向并非90°垂直，测量数据为垂直方向偏斜约10°，且各部位存在微小差异，判定其为服饰面料的柔软性、纱向的弹性及制作过程中的误差所致，因此依旧认定裁剪技艺为直裁。

第二双，红纱高底高帮翘头弓鞋。此鞋来自中原地区，是一款极短极窄的金莲。木底宽2.2厘米，高3.5厘米，长只有6.3厘米，竟然不足二寸❶。鞋底总长9厘米，约2.7寸。而鞋底最宽处仅有4.9厘米，仅1.5寸不到，足见此鞋之窄。以地面为基准线，鞋帮后高达21.5厘米，前达21厘米，属于水平型高筒弓鞋（图2-20）。脚口围度30厘米，帮身最窄处围度21.7厘米。不到三寸的鞋底长使得鞋子整个外观呈现出的上大下小的特点，是缠足风俗发展到鼎盛时期的产物。从穿着季度上看，这是一款适宜春秋季度所穿的弓鞋。

（a）实物标本图

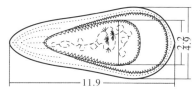

（b）外观尺寸图——仰视

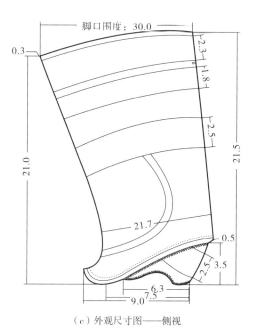

（c）外观尺寸图——侧视

图2-20　红纱木底高帮翘头弓鞋实物标本与外观尺寸（单位：厘米）
（江南大学民间服饰传习馆藏品）

第三双，红绸木底低帮"卷翘"弓鞋。从江南大学民间服饰传习馆藏品来看，木底低帮"卷翘"弓鞋样式是北方中原地区木底弓鞋的一个典型类别，也是标准的"三寸金莲"弓鞋形制。该"卷翘"选样实物标本的鞋翘高4.8厘米，卷起来的圆直径1厘米。在近代民间弓鞋中，此种类型的鞋翘是鞋底上

---

❶ 寸是一种长度衡量单位。古时中国的测量单位无定制，一寸的实际长度在古时各朝代均有差异，在同一时代不同地区也有区别。本书中用来表示长度的"寸"取现代语境，约3.3厘米。

翘程度最大的造型之一，多与低帮搭配设计制作。鞋后帮高6.1厘米，鞋帮较低。鞋底高4.6厘米，其中内底0.4厘米、跟体厚4厘米、外底厚0.2厘米。从侧面看，跟体长9厘米，底长近12厘米，约3.6寸。仰视弓鞋，后跟（触底平面）长3厘米，宽3.8厘米；内底宽5厘米，鞋底总长12.5厘米。底形前尖后圆，因为鞋头上翘，俯视视角下的形状受视觉透视的影响，不能得到鞋底形的全貌。将上翘的鞋头拆解、铺平，发现鞋头也呈尖锐状（图2-21）。

（a）实物标本图

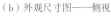

（b）外观尺寸图——侧视

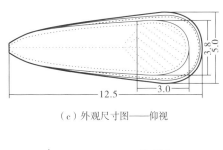

（c）外观尺寸图——仰视

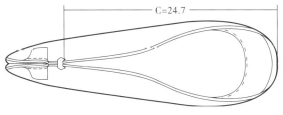

（d）外观尺寸图——俯视（C为脚口围度）

图2-21　红绸木底低帮"卷翘"弓鞋实物标本与外观尺寸（单位：厘米）
（江南大学民间服饰传习馆藏品）

在结构上，与一般木底弓鞋一样，帮面为两片式，跟体为一片式裁剪。丝缕方向，除了帮面为直丝外，内底、跟体和外底都是45°斜丝设计。"卷翘"弓鞋特殊的鞋头造型表现在平面结构上也十分明显，如图2-22（a）帮面测绘与复原下鞋头结构的"U"形，图2-22（b）内底测绘与复原下鞋头的"截断"，图2-22（c）以及图2-22（d）外底测绘与复原下鞋头延伸出去的"3厘米"。

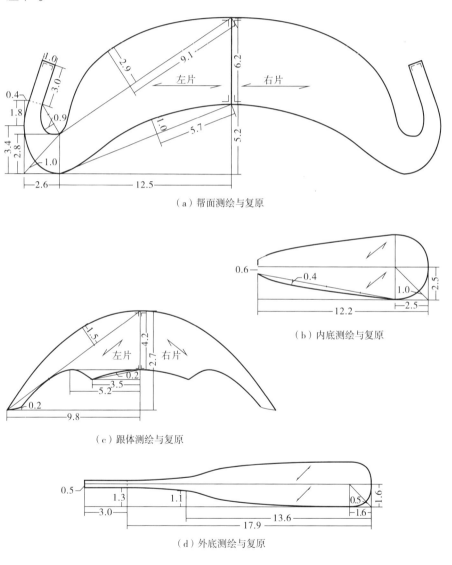

（a）帮面测绘与复原

（b）内底测绘与复原

（c）跟体测绘与复原

（d）外底测绘与复原

图2-22　红绸木底低帮"卷翘"弓鞋标本全息数据采集和结构复原（单位：厘米）

第四双，紫红缎木底低帮无鞋翘弓鞋。此鞋（图2-23）是"三寸金莲"弓鞋典型造型之一，鞋尖不仅不上翘，反而随势向下屈曲，对应弓鞋尺寸窄小。弓鞋外底长9.9厘米，约三寸；从鞋尖量起，鞋底长11.8厘米，总长13厘米。内底厚0.4厘米，跟体高2.8厘米，外底厚0.2厘米，底高3.4厘米。鞋底宽最窄处为3.3厘米，最宽处为4.3厘米，脚口围度28厘米。帮口离地高8.4厘米，帮面绣有长3厘米、宽2.8厘米的装饰图案。用以帮面前端的缝合处理，结实牢固。"三寸金莲"风行的时代，也是弓鞋发展至真正意义上的弯弓的时代。这种弯弓主要体现在鞋底内凹之上，从此鞋底侧面可看到明显的弯弓形状。这种形状也会给人视错感，使得穿用妇女的"缠足"显得更加娇小。此外，从外观上看，木底低帮无鞋翘弓鞋的俯视图呈现出前尖后尖的"橄榄形"，仰视视角下的鞋底底形呈前尖后圆的"水滴状"。

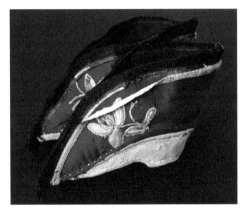

（a）实物标本图

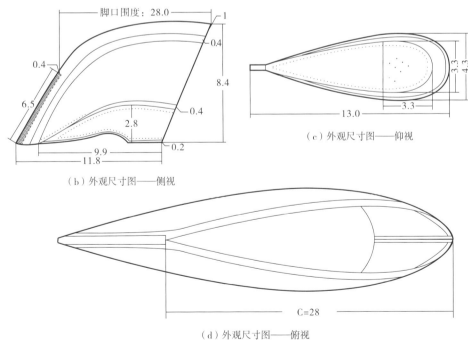

（b）外观尺寸图——侧视

（c）外观尺寸图——仰视

（d）外观尺寸图——俯视

图2-23 紫红缎木底低帮无鞋翘弓鞋实物标本与外观尺寸（单位：厘米）
（江南大学民间服饰传习馆藏品）

第二章 近代汉族民间足服分类及构造

（a）实物标本图

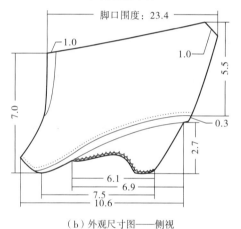

（b）外观尺寸图——侧视

（c）外观尺寸图——仰视

图2-24 朱红绸木底低帮微翘弓鞋实物标本与外观
尺寸（单位：厘米）
（江南大学民间服饰传习馆藏品）

第五双，朱红绸木底低帮微翘弓鞋（图2-24）。此鞋形制在藏品中占比较大。脚口围度23.4厘米，其前帮高7厘米，形制与第一、第二双近似，但鞋尖上翘程度较小，而且有时会在鞋脸处设置一个三角形的拼接形制。后帮高5.5厘米，形制则与第三、第四双近似，但是后倾程度较大，并在鞋口后处设置三角形的"切角"。鞋底高3厘米，长10.6厘米，最宽处4.3厘米，不管是侧视还是仰视角下的形制都与第一双基本一致，并且此鞋城高底弓鞋中属于鞋长尺寸最小的造型。

综上所述，清末民间高底弓鞋在底部件与帮部件上均表现出丰富多变的形制特征。并且，不同的鞋帮配不同的鞋底，即二者形成了——对应的搭配关系。基于此，清末民间多变化、规范化的高底弓鞋积极地适应着缠得不同弓足形态的妇女，以及满足她们不同的审美需求。

四、低底或平底弯弓弓鞋的构造

所谓高底弓鞋、低底弓鞋、平底弓鞋，都是从高度（或称厚度）的角度来看弓鞋鞋底的，并未涉及弓鞋弯弓的造型特点。除了高底弓鞋的鞋底都是弯弓形态外，在低底弓鞋和平底弓鞋中，也有大量的鞋底具有弯弓形态，如十分常见的"柳叶型"弓鞋。"柳叶型"弓鞋因其鞋底尖而细瘦形似柳叶而得名，没有木底的高跟造型，弯弓程度大大降低，只剩轻微的弯弓之势，是低底弓鞋中的主流式样，常见于齐鲁、中原等北方地区。通过对低底或平底弯弓弓鞋实物的整理、分类分析，选取五双实物标本，从造型和构造的角度进行详细地拓取、测绘和研究。

第一双，浅粉缎低底圆头无鞋翘弓鞋。实物标本收藏自清末民初的晋地，由缎面制成，做工精细。形制上，帮高6厘米，属低帮型。鞋头圆润，在距脚口高4.5厘米处向下缝长1.5厘米的止口处理，留下长达30厘米的脚口围度。相比于一般的民间弓鞋，此鞋底的制作从设计到选料再到工艺都很精致。同木底弓鞋一样，其底在结构上依旧由内底、外底和跟体三部分组成，但是跟体比一般传统的木底弓鞋薄了很多，以至于加上跟体的高度，底高只有1.1厘米，鞋底微微上弓，还是属于低底形制。内底、跟体和外底的面料皆选用丝质缎面，较为罕见。在外底之外的前、后两端分别附加厚0.2厘米、长6.1厘米、宽2.5厘米和长3.2厘米、宽4.8厘米的皮质"补强"❶，用来加强弓鞋底的实用耐磨性能（图2-25）。

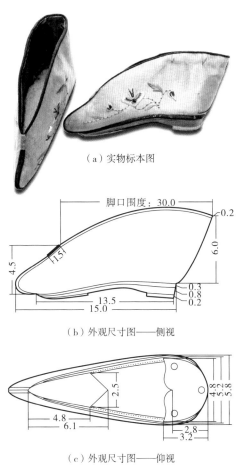

（a）实物标本图

（b）外观尺寸图——侧视

（c）外观尺寸图——仰视

图2-25　浅粉缎低底圆头无鞋翘弓鞋实物标本与外观尺寸（单位：厘米）
（江南大学民间服饰传习馆藏品）

---

❶ 王志成，崔荣荣. 民间弓鞋底的造型及功能考析[J]. 艺术设计研究，2017（3）：50.

　　对"柳叶型"低帮圆头无鞋翘弓鞋帮面结构、跟体（侧面）结构、外底结构进行了全方位的数据采集、绘制和复原工作，以获取它的结构考据研究的第一手材料（图2-26）。从主结构（帮面结构）和跟体结构采集信息中可以看到，弓鞋底上拱程度还是较大的，尤其是和北方齐鲁一带的"柳叶型"弓鞋相比而言。帮面测绘后鞋头与后跟之间的结构差值为5.5厘米，跟体的前后结构差值也超过3.4厘米。

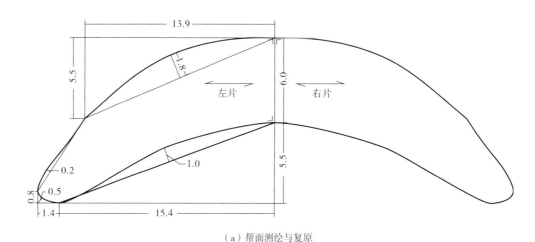

（a）帮面测绘与复原

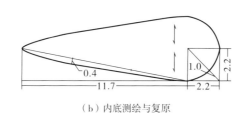

（b）内底测绘与复原

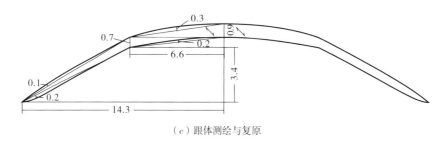

（c）跟体测绘与复原

图2-26　浅粉缎低底圆头无鞋翘弓鞋标本全息数据采集和结构复原（单位：厘米）

第二双，蓝缎低底尖头微翘无外底弓鞋。此鞋来自齐鲁地区，底宽4.1厘米，长14.9厘米，约4.5寸，帮高7厘米，为低帮造型。底部件只有一层厚0.2厘米的内底，无外底和跟体部分（图2-27）。因此这是一款缠足妇女室内服用的弓鞋，对于底的实用耐磨性要求低。帮面以天蓝色真丝制成，鞋头呈流畅的曲线，鞋缘开口较大，脚口围度达29厘米，一直延伸向前，并逐渐变窄与鞋尖交合，犹显弓鞋的尖削。鞋脸处两片鞋帮用股线缝合，使其富有伸缩性，能更好地贴合脚面。鞋底（内底）纳线，外观上前尖后尖，并且呈前为锐角，后为钝角状，酷似柳叶的形状，属于"柳叶型"弓鞋形制中的典范。此外，与鞋套（图2-28）搭配服用，这种没有外底的室内弓鞋其实也可以穿到室外。图2-29为缠足妇女户外穿着的"柳叶型"弓鞋造型。

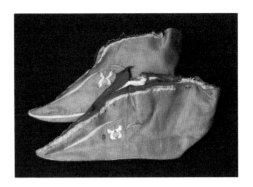

（a）实物标本图

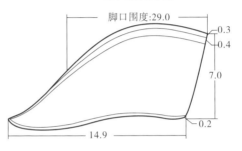

（b）外观尺寸图——侧视

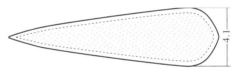

（c）外观尺寸图——仰视

图2-27 蓝缎低底尖头微翘无外底弓鞋实物标本
与外观尺寸（单位：厘米）
（江南大学民间服饰传习馆藏品）

图2-28 弓鞋鞋套
（江南大学民间服饰传习馆藏品）

图2-29 户外穿"柳叶型"弓鞋
（江南大学民间服饰传习馆藏品）

第三双，紫红缎低底尖头微翘弓鞋。此鞋（图2-30）相比于前两双（图2-25、图2-27）弓鞋，显得不是那么"细瘦"，分析原因可能是前帮较高，在长期的穿着过程中使得帮面更加容易定型，更加立体。从外观尺寸图可以看出，前帮高9.1厘米，后帮高6.2厘米，属于"前高后低型"弓鞋形制。此外，这种特殊结构的帮面也被称为"双壁"，所谓的"双壁"指弓鞋帮面的里、外两层，用"墙壁"中的"壁"字来形容帮面是一种文学性和审美性的表达。含有结构帮面的弓鞋被称为"双壁弓鞋"。鞋底由三层薄底组成，由下向上依次厚0.1厘米、0.2厘米、0.3厘米，共计0.6厘米，鞋底宽4.6厘米，整体仍呈"柳叶型"。

（a）实物标本图

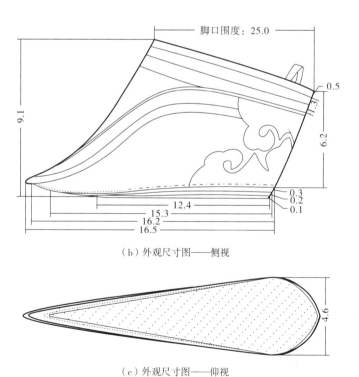

（b）外观尺寸图——侧视

（c）外观尺寸图——仰视

图2-30 紫红缎低底尖头微翘弓鞋实物标本与外观尺寸（单位：厘米）
（江南大学民间服饰传习馆藏品）

帮面的测绘与复原没有将内壁和外壁分开测绘，而是将其作为一个整体进行数据采集。内底也没有进行结构测绘，这是因为其结构与外底基本一样，只是鞋尖处内底要探出1.2厘米（图2-31）。

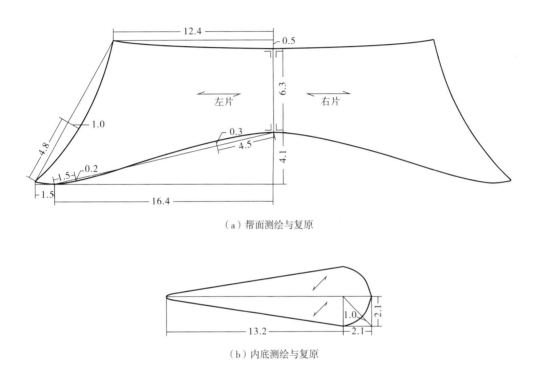

（a）帮面测绘与复原

（b）内底测绘与复原

图2-31　紫红缎低底尖头微翘弓鞋标本全息数据采集和结构复原（单位：厘米）

　　第四双，来自晋地的黑棉低底夹棉弓鞋。在众多弓鞋藏品中有一类体型较大的，常被误认为是放足鞋。从外观不难发现，此鞋（图2-32）的款式与传统三寸金莲弓鞋几乎一样：尖鞋头，鞋底上弓等。从尺寸上看，鞋底长19.3厘米，近5.8寸，厚约1厘米；后帮高7厘米，前帮高9.7厘米；脚口围度32厘米，脚口绲边宽1.1厘米。可见该鞋的体型比一般弓鞋要大出很多，这主要有两个方面的原因：一是从结构与工艺上看，此鞋帮面内夹棉，增加了帮面的厚度，缩小了鞋内的可穿用空间；二是从现存实物的区域性和服用者来看，此鞋多见于晋（今山西）等北方地区，北方的妇女脚大，缠成的弓足相对南方妇女也较大。

　　第五双，来自齐鲁地区的低底夹棉弓鞋（图2-33）。此鞋的夹棉层更厚，因此底长和帮高更大，分别达22.8厘米、10.5厘米，已经近乎现代女性足服尺码。目前为止，此鞋为江南大学民间服饰传习馆藏所有弓鞋传世实物中最大的弓鞋。但是从功能性角度来看，如此厚实的夹棉弓鞋能够确保生活在北方严寒地区的缠足妇女们抵御恶劣的天气。鞋底有一层厚0.7厘米的百纳底垫于鞋下，并且纳底所用的线为十分粗糙的麻线（妇女天足鞋和男鞋纳底常选），起到牢固定型和耐磨的作用，因为这双弓鞋制作简易、装饰简单，推断是民间劳动妇女户外所穿。

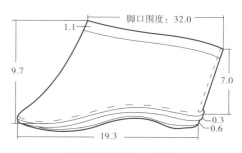

　（a）实物标本图　　　　　　　　　　（b）外观尺寸图——侧视

图2-32　黑棉低底夹棉弓鞋实物标本与外观尺寸（单位：厘米）
（江南大学民间服饰传习馆藏品）

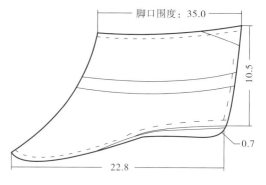

　（a）实物标本图　　　　　　　　　　（b）外观尺寸图——侧视

图2-33　低底夹棉弓鞋实物标本与外观尺寸（单位：厘米）
（江南大学民间服饰传习馆藏品）

五、平底平直弓鞋的构造

民国以后，平底平直弓鞋成为民间弓鞋底部的主流形式。即整个底面比较平坦，无明显起伏。在某种意义上，民国初期的平底弓鞋是中国古代汉族妇女缠足衍生出的最后的弓鞋形制。"鱼条型"弓鞋是民国时期放足思潮影响下的平底弓鞋的代表形态，与之相对应的裸足形态缠法是缠小、缠窄、不缠弓。严格来讲，平底形制弓鞋已经完全忽略了妇女缠足后裸足"弓"的核心形态，丧失了传统弓鞋"弓"的核心造型，而且在长度上也放宽了标准。通过对平底平直弓鞋实物的整理、分类分析、选取四双实物标本，从造型和构造的角度进行详细地拓取、测绘和研究。

第一双，紫缎平底圆头浅口弓鞋。从外观看，图2-34鞋身的侧形与不缠足妇女所穿的天足绣鞋有些相似。只是该过渡时期的"鱼条型"弓鞋在底部件的长度和宽度上依旧明显区别于天足鞋，也区别于介于弓鞋与天足鞋之间的"放足鞋"。在侧视角上，内底长16.6厘米，厚0.2厘米；外底长16.4厘米，厚0.3厘米；内、外底之间没有设置任何跟体。鞋帮高4.5厘米，脚口围度30厘米，较大，属于低帮浅口弓鞋形制。鞋口绲边0.5厘米，紧随其下贴边0.2厘米。其鞋底宽4.8厘米，形制前圆后尖，值得注意的是，这种鞋底远看后跟呈圆弧状，实则有着略微的钝角造型设置。

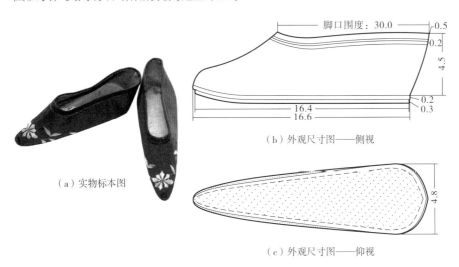

（a）实物标本图

（b）外观尺寸图——侧视

（c）外观尺寸图——仰视

图2-34 紫缎平底圆头浅口弓鞋实物标本与外观尺寸（单位：厘米）
（江南大学民间服饰传习馆藏品）

从弓鞋标本的结构复原图中可以看到，鞋帮依旧是两片式结构。对应鞋头部分外凸0.4厘米（图2-35），通过对前中心线（分割线）的弯曲处理，依据现代结构的理论，具有"省道"的作用，使得弓鞋成品更加立体、适脚。鞋底结构相较上述紫红缎低底尖头微翘弓鞋，两侧较为饱满，最饱满处外凸0.5厘米。

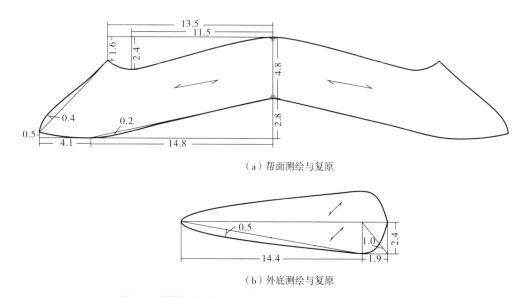

（a）帮面测绘与复原

（b）外底测绘与复原

图2-35 紫缎平底圆头浅口弓鞋标本全息数据采集和结构复原（单位：厘米）

第二双，黑缎平底冲头浅口弓鞋。鞋头外凸3.6厘米左右，后帮高5厘米，从侧面看整个鞋型像一艘小船，俗称"船型"弓鞋。脚口较大，围度达31.4厘米，据当地老妪讲，弓鞋一般脚口较大，既方便缠好的"三寸金莲"直接蹬进鞋内，也方便穿脱。另外，鞋口较大时，鞋子容易脱脚，为此常在后帮处设以系带以系扎固定，称为"拽跟鼻"。此鞋总长15.5厘米，4.7寸，鞋底为双层，长11.9厘米，分别厚0.3厘米（图2-36）。

第三双，紫红织锦缎平底低帮夹棉弓鞋。鞋头微微上翘，鞋底总长17厘米，约5.1寸，宽6厘米，为双层，上面一层是厚0.3厘米的布底，下面缝合一层厚0.4厘米的皮质鞋底，鞋后跟处还垫一层长4.8厘米、厚0.1厘米的薄皮鞋跟，这种鞋底形制较为少见。鞋帮形制近似于水平型弓鞋，前帮高6.8厘米，后帮高6厘米，相差只有0.8厘米。脚口围度较大，有33厘米。面料选用紫红色织锦绸缎，图案以多种植物花卉为主，脚口的黑色绲边宽0.6厘米，里料为印花棉布，面里料之间絮填大量棉絮，柔软舒适。这是一双形制相对简洁，穿着舒适保暖的传统弓鞋（图2-37）。

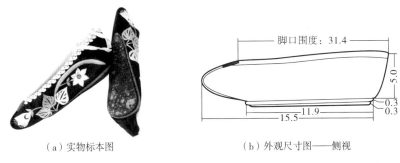

（a）实物标本图　　　　　　　（b）外观尺寸图——侧视

图2-36　黑缎平底冲头浅口弓鞋实物标本与外观尺寸（单位：厘米）
（江南大学民间服饰传习馆藏品）

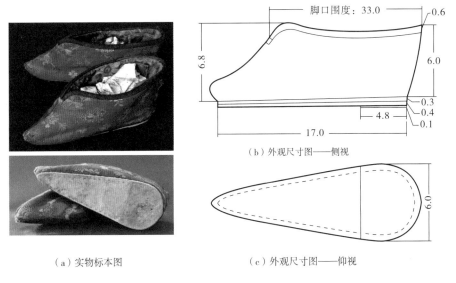

（a）实物标本图　　　　　　　（c）外观尺寸图——仰视

图2-37　紫红织锦缎平底低帮夹棉弓鞋实物标本与外观尺寸图（单位：厘米）
（江南大学民间服饰传习馆藏品）

　　第四双，浅紫织锦缎平底夹棉流苏弓鞋，造型与前面几双相比较为特别（图2-38）。弓鞋前帮高8.5厘米，后帮高6.3厘米，属于前高后低型弓鞋。这双弓鞋尺码相对较大，鞋口围度30厘米，绲边0.2厘米，鞋底长有13.8厘米，约4寸，鞋子总长达18厘米，约5.4寸，由于这是一双秋冬穿着的棉鞋（面里料之间有一层厚厚的保暖夹层），鞋内适足尺寸要小些许。鞋底厚0.6厘米，内

底厚0.3厘米，其形制也是齐鲁地区典型的"柳叶型"弓鞋，可见其底还是有微微上弓的造型趋势的。鞋头前冲约4厘米，上方坠以天蓝色吊穗，具有很强的装饰作用，视觉效果十分强烈。

（a）实物标本图

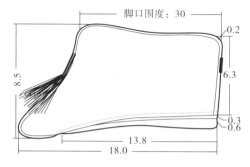

（b）外观尺寸图——侧视

图2-38　浅紫织锦缎平底夹棉流苏弓鞋实物标本与外观尺寸图（单位：厘米）
（江南大学民间服饰传习馆藏品）

六、具有独特构造的弓鞋

清末以来，随着西方工业文明的入侵，先进的鞋子款式和制鞋工艺给中国传统的弓鞋形制与结构注入了新的元素。皮"三寸金莲"弓鞋（图2-39）便是当时诞生的弓鞋新样式，除了材料选用牛皮、猪皮等动物皮革之外，在设计和制作上也一改传统规范，从造型上看，这是一双现代的耳式鞋，也俗称"系带鞋"，指的是鞋帮面上存在耳式结构的部件，并通过穿系鞋带来控制鞋口的开合❶。

图2-39　皮质"三寸金莲"弓鞋
（江南大学民间服饰传习馆藏品）

图2-40是齐鲁地区一双比较罕见的皮质弓鞋，其造型还是耳式鞋，且与现代皮鞋颇为相似。鞋帮面料、里料、鞋垫皆选用真皮制成，面料结实挺括，里料柔软透气。鞋头、鞋尾皆为圆弧形状，黑色橡胶鞋底，有一层薄鞋跟，鞋底整体呈鹅蛋形，鞋长12厘米，约3.6寸，鞋跟长4.4厘米，后帮高3.4厘米，

❶ 罗向东. 鞋靴装饰设计[M]. 北京：中国轻工业出版社，2016年.

前帮高4.9厘米，脚口围度较小，只有20厘米。该鞋的特别之处是其缝线并非手工纳制，而是由车工缝制。外观丰满悦目，小巧玲珑，是一双清末典型的吸收西方鞋型和制鞋工艺的弓鞋造型，在造型和结构上与传统弓鞋都存在着明显的区别。

图2-41是一双缠足妇女雨天穿着的弓鞋。鞋长18.3厘米、宽7厘米、高15.3厘米。鞋帮为两片式结构。五层底构成了厚1.8厘米的鞋底。帮面与鞋底都由棉布制成，经过特殊处理后，呈现出皮革甚至金属的质感与服用性能。图2-42是一双由蒲草编制的弓鞋。不同于布质弓鞋帮底分件的制作与相缝，草编弓鞋从设计到制作几乎一气呵成。制作者在设计和刻好木质的鞋底（外底），基本确定了弓鞋大小、宽窄之后；选用事先处理过的编制材料（此鞋为蒲草），编制时先按木底编出鞋底（内底），再向上编出鞋面，最后收口成型。此鞋在前帮处编入了黑色毛线，主要起到视觉上的分割装饰作用。

（a）实物标本图

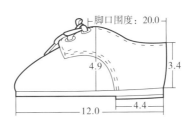

（b）外观尺寸图——侧视

图2-40　红牛皮圆头系带弓鞋标本与外观尺寸图（单位：厘米）
（江南大学民间服饰传习馆藏品）

图2-41　雨天穿的铁钉弓鞋
（江南大学民间服饰传习馆藏品）

图2-42　蒲草编的弓鞋
（江南大学民间服饰传习馆藏品）

七、弓鞋的制作工艺

为深入研究，选取红缎木底高帮翘头弓鞋（图2-18）作为复制标本，在对木底弓鞋科学的形制与结构测绘的基础上，通过细致和系统的复制工作，为深入体验、认识和研究清末木底弓鞋结构所透露的相关信息提供了实验过程和真实的摹本。通过对实物标本进行拓取和测绘，并结合文献记载与佐证及前人经验，在进行多次保护性拆解与复原实践的基础上，归纳总结出一套实际可行的制作工艺。虽然清末高底弓鞋的形制变化较多，但各类形制的工艺十分相似。占比较大的红缎木底高帮翘头弓鞋组织结构相对复杂，在其工艺基础上做适当减法或补充即可推演出其他类型的工艺步骤，因此本文以之为例分析清末高底弓鞋的制作工艺。另外，因为弓鞋不分左右形制，所以只针对其中的一只进行研究。

（一）平面结构图绘制

传统民间弓鞋结构图俗称鞋样，设计者根据形制和尺寸，通过经验总结，把组成弓鞋的主要裁片划在纸上，这种基于经验层面的传统弓鞋结构图绘制没有形成科学的体系。为此，本文首先通过对红缎木底高帮翘头弓鞋实物标本进行全息数据采集和客观复原，测量方法和手段力求专业、准确。以拓取结合测量的方法最大限度地测绘和复原其制作裁片的平面结构图。此鞋为两片式结构，其帮面、内底结构图已在图2-19中给出。贴布、绲边、跟体、外底等其余裁片，或为矩形布条，或包裹在内置跟体表面，不展开测绘。

（二）材料准备及裁片

弓鞋制作工具主要有针、针锥、剪刀、刮糨刀、顶针、钳子、拨棰、熨斗等（图2-43）。

帮面为大红缎面，镶边、绲边使用同类黑色缎料，里料采用藏青色棉平纹布，内底、外底、跟体侧面包布为白棉布，缝线为棉质白色股线，外加柳树木刻跟体、浆糊、棕树叶等辅料。主体尺寸为15.5厘米×4.5厘米×14.5厘米，一只鞋需要包括面里料和辅料共8种裁片，其示意图如图2-44所示。裁片编号及各部分尺寸（含缝份0.4厘米）为：1号，帮面料16.1厘米×14.8厘米；2号，鞋口镶边布条31.8厘米×2.6厘米；3号，跟体侧面包布19.8厘米×6.8厘米；4号，外底布11.4厘米×3.4厘米；5号，帮里料16.1厘米×14.4厘米；6

号，内底布15.3厘米×5.3厘米；7号，鞋口绲边布条31.8厘米×1.6厘米。裁剪过程中，在注意材料正反面时更要注意丝缕方向，除了帮部件面料1号、里料5号是直裁，其余材料2、3、4、6、7号都是45°斜裁。此外，还需要裁剪制作硬衬用到的衬料12片，其中帮面衬料6片、内底衬料4片和外底衬料2片，注意衬料应按净样裁剪，不留缝份。

图2-43　拨棰与熨斗
（江南大学民间服饰传习馆藏品）

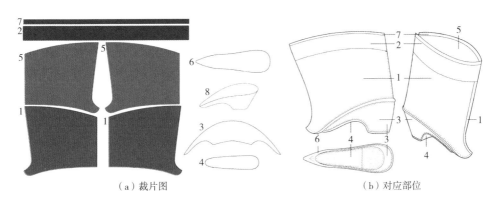

（a）裁片图　　　　　　　　　　　　（b）对应部位

图2-44　高底弓鞋裁片示意

（三）制作步骤

1.糨糊及硬衬制作

糨糊是制作硬衬的必需材料，也是传统民间常用的手工黏合剂。其做法是在研磨精细的小麦粉（或糯米、淀粉）中加入适当的白矾和水，然后一起混合搅拌加热熬制成黏稠状❶。糨糊做好后开始上浆，将帮面、内底、外底衬料熨烫平整，分别用糨糊对其均匀平涂，层层贴合相粘而成2片3层帮面硬衬、1片6层内底硬衬和1片2层外底，将它们曝于室外阳光下晒干，熨烫平整。此外，民间也有用硬纸代替布制硬衬，且很常见。

---

❶ 李洵. 缠足弓鞋与天足绣鞋工艺对比研究[D]. 无锡：江南大学硕士论文，2012：22.

2.帮部件制作

（1）前帮缝合及镶边处理：分别将两片鞋面的正面与正面相对，两片鞋里的正面与正面相对，分别用短绗针在前帮处进行缝制（缝份0.4厘米），针法由右至左，以1厘米2～4针（通常2.5针）的针距运针。缝好后分别翻转使各自正面朝外，先将鞋里搁置一旁待用，将镶边布条正面沿边贴在帮面正面鞋口向下1.8厘米处，用短绗针进行镶边处理，然后用刮糨刀在镶边布反面和缝线以上的帮面正面均匀刮抹一层薄薄的糨糊，再将镶边布余量向鞋口翻折使反面与帮面贴合、另一条沿边与鞋口重合，用剪刀修剪鞋口布料毛纱并熨烫平整。

（2）绲边及上糨处理：将绲边布条正面沿边与帮面正面鞋口对齐，用短绗针在鞋口向下0.4厘米处缝合，将绲边布余量向上翻折熨烫，再沿鞋口向内翻折熨烫。将帮里鞋口处的缝份0.4厘米向反面扣烫，然后用缲针以直针斜线浅挑，由右至左运针。绲好边后将帮部件展开，在帮面反面和帮面硬衬一面均匀刮糨，然后将两面沿边对齐贴合；再在硬衬的另一面和帮里反面刮糨并沿边对齐贴合。

（3）后帮缝合及止口处理：首先将帮面和帮里各自在后帮处的缝份分别向硬衬方向扣烫，并用缲针缝合。然后将帮部件的左右两片在后帮处对齐，在外面进行缝份为0.1厘米的明线缝合，针法为短绗针，针脚较短，针距较长，由鞋底向鞋口运针；至镶边处改为套结针，针迹长约0.6～1厘米，先横挑2或3道线，再自上而下于线后插入竖线，套线上抽，重复至横挑线长度，完成止口处理。图2-45示出帮部件主要的缝制过程。

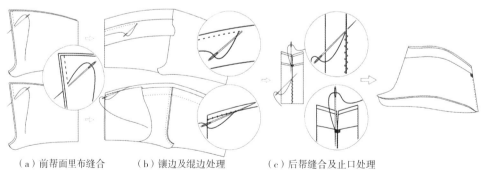

（a）前帮面里布缝合　　（b）镶边及绲边处理　　（c）后帮缝合及止口处理

图2-45　弓鞋帮部件缝制过程示意

3.底部件制作

（1）制作内底和外底：在厚度近0.3厘米的内底硬衬上下两表层上刮上糨糊，然后用一面尺寸适当，也刮了糨糊的布料，由上而下顺着硬衬表面将其包裹起来，再用剪刀将多余材料修剪掉；然后在内底的边缘进行长针距、短针脚的行针缝制，缝份约2.5厘米。外底制作也是通过刮糨糊，先用一层白棉布将硬衬包裹起来，然后在外底后跟和鞋头处分别纳上密集和

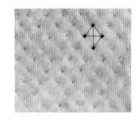

图2-46　弓鞋底的"三角阵"纳线布局示意
（江南大学民间服饰传习馆藏品）

稀疏的棉线。纳制时选用白色棉线或苎麻所捻鞋底专用线，针法主要有平行针和三角针两种，以三角针最常用。其针法特点是从水平或垂直方向看，每一个短如点的针脚皆对位于相邻一行两个针脚的正中间，三个针脚相连可形成等腰三角形，即每隔一行的针脚布置是相同的（图2-46）。按此规律纳好鞋底后，使正面整齐有序的针脚朝外，以求美观。

（2）组合及缝制：传统民间，高底弓鞋内置跟体由专业人士用柳木刻制，非寻常妇女自己制作，根据具体弓鞋的形制选购即可。选好跟体后，先在其侧面均匀涂抹一层糨糊，将图2-44（a）中的3号跟体面料贴附在其表面并留出缝份；然后将跟体与内底拼合在一起，并在二者之间刮上糨糊再铺一层薄薄的棕树皮，然后用短绗针借助顶针和针锥将跟体与内底缝合。最后，将外底先用糨糊与木制跟体下表面贴合，再用短绗针缝合。图2-47示出各组合片的组合过程。

4.帮底部件相绱

绱鞋有明绱和暗绱之分，此鞋为明绱，即直接在鞋帮外绱鞋，从外面可以在鞋帮上看见绱鞋产生的线迹。具体工艺是，首先把帮部件的鞋面和鞋里下面的缝份分别向衬料方向扣烫翻折进去；其次，对帮部件与底部件进行对位，将二者在鞋尖和后跟中心处用针线试缝固定起来，以防绱鞋过程中产生错位；然后再用较粗较长的绱鞋针从右往左以短绗针运针，把帮面、帮里、内底和跟体面料缝制在一起即可。

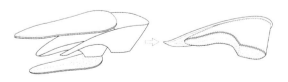

图2-47　鞋底制作过程示意

5.其他帮面附件的制作

（1）鞋拔子：对于鞋拔子，有两种解释。一是作为鞋帮部件，也称为"鞋拽靶儿"，是缝制在鞋后帮上用以提鞋入脚用的小带儿，在有的方言里或称"小耳朵"，具有方便穿脱弓鞋的实用功能。二是指一种单独的辅助穿鞋动作完成的器物，又叫"鞋拔""鞋溜子"，一般由铜或铁等金属打造，表面光滑。把鞋拔竖支在鞋后跟处，脚用力一踩就可以轻易、快速地把鞋子穿好。作为鞋帮部件的鞋拔，其大小与弓鞋相匹配，形状为不规则的五边形。鞋拔的制作常在绱鞋工艺完成之后，单独裁剪固定在鞋帮后跟处。鞋拔具有功能性和装饰性。功能性体现在缠足弓鞋小巧，鞋拔有助于穿鞋；装饰性则是鞋拔的色彩、装饰风格的选择可促进弓鞋的整体装饰性。在《金瓶梅词话》第五十八回中便有："我有一双是大红提根子的，这个，我心里要蓝提跟子，所以使大红线锁口"。

（2）绑带：弓鞋，尤其是低帮或浅口的造型，鞋子的适脚（民间俗称"跟脚"）性能较差，一些造型的弓鞋脚口围度几乎等同于脚面的围度。因此，人们发明了绑带，在弓鞋后帮内外两侧分别设置一个环状的布带，像鞋子的两个耳朵一样，俗称"拽跟鼻"，通过以布带穿系后绑在脚踝及小腿部，增强弓鞋的实用性。

第四节　清末民国足服的过渡——放足鞋的构造

一、放足与放足鞋

如前所述，汉族妇女缠足行为初步形成于五代十国的南唐，宋代开始蔓延，经过元、明两代的发展，已基本在民间普及开来。至清代早期和中期，妇女缠足的行为达到了缠足历史的高潮和鼎盛阶段。换言之，缠足是一场由宫廷至贵族再至民间的自上而下、刻骨铭心的民族性身体实践，在此过程中逐渐演变成为传统封建社会的普遍习俗并形成了别具一格的传统缠足文化。

然而，随着清末以来携带工业文明的西方多民族强制性地侵入中华民族，中国封闭、落后的传统封建社会与文化受到了极大的冲击。与此同时，传统的缠足文化开始被认为和发现其本质上是对妇女身心的残害与统治。国家禁止缠足的命令始于清代，朝廷不惜三令五申，屡行禁令。与八国联军签立条约之后，慈禧和光绪回到北京又下谕："满汉可以通婚，妇女禁止缠足。"这个谕旨见于《宫门钞》，可是这种谕旨，上海报纸记载甚略，并未大事宣传。所谓"天高皇帝远"，一般百姓并不知悉，缠足的风俗依然如故。在清廷即将被推翻的前两三年，革命声浪高涨，各种书报才有"提倡天足运动"，于是新派的家庭开始不再替幼年的女孩子缠足。光绪九年（1883年），康有为在广东南海联合开明乡绅谔良首创《不裹足会草例》，倡议女子不缠足。两年后，他又在广州成立了粤中不缠足会。于是放足运动很快渗透到全国，各种各样的戒缠足会、天足会、放足会、卫足会兴起。这一运动认为"放的是文明，缠的是野蛮"，四处传唱放足歌谣："小脚妇，谁家女，裙底弓鞋三寸许。下轻上重怕风吹，一步艰难如万里。""五岁六岁才胜衣，阿娘做履命缠足。指儿尖尖腰儿曲，号天叫地娘不闻，宵宵痛楚五更哭……"并借此到处宣传男女平权。

光绪二十年（1894年）郑观应在《盛世危言·女教篇》中指出："妇女缠足，合地球五大洲九万余里，仅有中国而已。"❶强烈抨击了中国妇女缠足陋俗。徐珂《天足考略》："我国妇女以缠足闻于世，为欧美人诟病久矣"，称当时中国在世界上最骇笑取辱的莫过于妇女缠足一事。姚灵犀在《续编自序》里亦直接阐明："夫缠足之恶俗，不独为妇女一身之害也，其影响于民族健康也亦至巨。"在近代中华民族政治与文明落后的历史大背景下，对妇女缠足之害的认识已经上升到了国家和民族的高度。此时缠足所表现出来的封建性、落后性和不科学性等消极属性已经决定了其在社会的文明进程中注定会走向衰败乃至灭亡。

放脚鞋又称"半大鞋""缠足放"等，是放脚后妇女的专用鞋。当时，流行的放脚鞋有两类：一类为自做自绱的放足布鞋，鞋型又尖又窄，矮帮上缝有较宽的鞋带，穿时系上，以防脱落，穿者主要为中老年妇女及农村乡镇放

❶ 夏东元. 郑观应集·盛世危言（全二册）[M]. 北京：中华书局，2013.

足女性。大多采用布或缎料，素面无花，样式简朴。另一类为缎面绣花鞋，大多薄皮平底，为城市中青年妇女们穿用。鞋型较宽，前部圆尖，后部圆肥，一般由匠人制作。放足鞋是一种介于传统缠足弓鞋与不缠足妇女所穿天足鞋之间的妇女足服形制。其形制与结构的产生与发展依托于特定的历史时期与社会变迁场景。换言之，放足鞋是清末以来汉民族放足思潮下的过渡型足服。因此，放足鞋从产生到成熟再到消失，也就半世纪左右，严格来讲，时间跨度不足百年。

二、放足鞋的构造

通过对放足鞋实物的整理，分类分析，选取四双实物标本，从造型和构造的角度进行详细地拓取、测绘和研究。

第一双，黑缎圆头浅口放足鞋（图2-48）。鞋子总长度19.2厘米，鞋头高2.5厘米，鞋后帮高5.4厘米，鞋型整体瘦长，保留了传统缠足弓鞋细瘦的造型特征。脚口围度35厘米，明显大于弓鞋的尺寸；脚口绲边0.3厘米。鞋底18.5厘米，双层鞋底，从上到下，第一层鞋底厚约0.4厘米，第二层厚0.2厘米，第二层底为百纳线底且线性成网格状互相交错的形式，排线工整，针脚密集，体现了制作者深厚的女红功底。

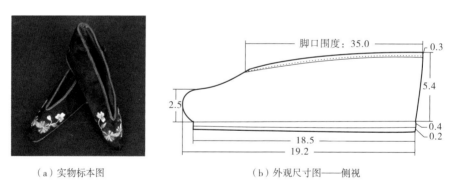

（a）实物标本图　　　　　　　（b）外观尺寸图——侧视

图2-48　黑缎圆头浅口放足鞋实物标本与外观尺寸（单位：厘米）

（江南大学民间服饰传习馆藏品）

这种圆头、浅口、长条状的放足鞋是清末放足妇女最常穿着的形制之一。放足鞋与缠足弓鞋相比，最大的服用特征应该是松紧的程度。弓鞋作为缠足行为活动的物化载体，肩负着对缠后裸足时刻塑型的责任。因此，妇女穿上传统的木底弓鞋之后，弓鞋的帮面与底部会牢牢地包裹着双脚，其作用和缠

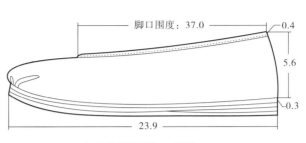

脚口围度：37.0

0.4

5.6

0.3

23.9

（a）实物标本图　　　　　　　（b）外观尺寸图——侧视

图2-49　黑棉布圆头低帮绣花放足鞋标本与外观尺寸（单位：厘米）

（江南大学民间服饰传习馆藏品）

足布别无二致。而放足鞋则不然，放足鞋是放足运动下的产物，其存在的目的不是缠裹，而是解放妇女的双脚，因此，妇女穿上放足鞋，紧缚感必定大大减轻。这便是放足鞋形制与结构产生的最明显的功能。

第二双，齐鲁地区的黑棉布圆头低帮绣花放足鞋（图2-49）。鞋长23.9厘米，鞋口围度37厘米，绲边0.4厘米。鞋底也是由四层底构成的"千层底"，每层厚约0.3厘米；选料与制作工艺和天足鞋的"千层底"一样。鞋帮部位，后帮高5.6厘米，前帮稍低，鞋头部位明显有归拢形成的褶，这一形制处理手法在一般绣花放足鞋中是比较少见的。在整体造型上，该鞋已经很难看出含有传统弓鞋所谓"瘦""小""尖"等独特形态，它依旧属于妇女放足鞋一类，主要原因就在于其与不缠足所穿的天足鞋仍然存在明显的造型区别：比一般的天足鞋要瘦，宽度大约是天足鞋的四分之三。明显不同于黑缎圆头浅口放足鞋，此鞋的形制与结构进一步接近了不缠足所穿的天足鞋。

第三双，来自晋地的黑棉布翘头低帮放足鞋（图2-50）。鞋底长21.3厘米，厚0.5厘米，鞋跟最宽5.1厘米，中间稍微内凹，只有4.1厘米，鞋头最宽处也只有4.8厘米，因此，整个鞋底平面图呈葫芦形，较为瘦窄。鞋底纳线选用白、绿两种颜色棉线，最外围用绿色粗线手纳一圈，起到加固鞋底的作用，然后分别向内用白色棉线缝两路，第二路针脚比第一路短且以三个针脚为一个单元，循环往复。鞋底内侧用绿色线缝出简易的植物花卉图案，既具有装饰功能也具有加牢鞋底的实用功能。鞋头上翘，后帮高5.2厘米，前帮口形制特别，耸立呈三角状，高达7厘米，鞋口围度34厘米，圆形鞋口。面料选用黑色棉布，里料为青色棉布，鞋口处包边0.3厘米。

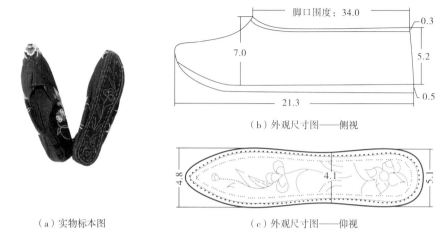

（b）外观尺寸图——侧视

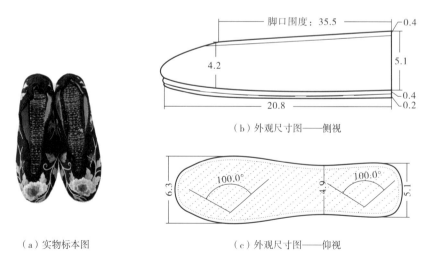

（a）实物标本图

（c）外观尺寸图——仰视

图2-50 黑棉布翘头低帮放足鞋实物标本与外观尺寸（单位：厘米）

（江南大学民间服饰传习馆藏品）

第四双，晋地的黑棉布圆头浅口放足鞋（图2-51）。前帮高4.2厘米，后帮高5.1厘米，为低帮形制。圆形口，围度为35.5厘米，绲边0.4厘米。从侧面看，鞋底为两层厚实的底叠加起来，里层厚0.4厘米，外层厚0.2厘米，长20.8厘米；从底面看，鞋底为两头宽中间细的造型，后跟处最宽5.1厘米，鞋头最宽6.3厘米，中间"腰部"最细4.9厘米，属于"花生型"鞋底。

（b）外观尺寸图——侧视

（a）实物标本图

（c）外观尺寸图——仰视

图2-51 黑棉布圆头浅口放足鞋实物标本与外观尺寸（单位：厘米）

（江南大学民间服饰传习馆藏品）

另外，通过对鞋底仰视角度下外观的科学记录发现了此鞋底纳线针脚斜度并非所谓的标准45°。如图2-51（c）所示，以某一针脚（作为一个理想的点）为基准，向其上或下同一侧相邻的两个点画直线并放射出去，可以得到一个角度。该鞋的这个角度不是90°直角，而是100°。由此测量可以发现，鞋底纳线的针脚排列方式并非一成不变，故意为之也好，误差也罢，对具有形制和造型代表性甚至是每一双的足服实物的客观测量和记录是有必要的，这是获得可考结论的基础，避免陷入"理想主义"的主观研究。

第五节　回归天然的足服——天足鞋的构造

一、天足鞋概述

天足鞋是针对弓鞋和放足鞋提出来的概念，即称不缠足妇女的裸足为"天足"，所穿之鞋为天足鞋，泛指各地区一切不缠足汉族妇女所穿的足服（图2-52），包括江南水乡的"猪拱鞋"和"船型鞋"，闽南地区的"鸡公鞋"等特色足服。在造型上，天足鞋是最接近现代女性所穿之鞋的。

图2-52　老照片中的民国穿浅口天足鞋的妇女形象
（江南大学民间服饰传习馆藏品）

二、天足鞋构造的分类

从造型的角度看，天足鞋主要有两种分类方法：一种是按照鞋口造型进行分类，分尖口天足鞋、圆口天足鞋和方口天足鞋三类；另一种是按照鞋头造型进行分类，分圆头天足鞋和方头天足鞋两类。表2-5、表2-6示出江南大学民间服饰传习馆中各类造型的藏品数量和所占比例，其中圆口天足鞋和圆头天足鞋两种造型所占比例最高。此外，这些天足鞋都是低帮的造型，目前还没有发现高帮、高筒造型的天足鞋。

表2-5　民间天足鞋的鞋口造型分类分析

鞋口造型	实物标本图	数量（双）		百分比（%）	
尖口		49		42.6	
圆口		62	115	53.9	100
方口		4		3.5	

表2-6　民间天足鞋的鞋头造型分类分析

鞋头造型	实物标本图	数量（双）	百分比（%）
圆头		100	87.0
方头		4	3.5
		115	100
尖头		11	9.6

三、尖口天足鞋的构造

通过对尖口天足鞋实物的整理、分类分析，选取两双实物标本，从造型和构造的角度进行详细地拓取、测绘和研究。

第一双，粉红缎面刺绣浅口天足鞋。此鞋（图2-53）由粉红色丝质缎面制成，手感极为光滑细腻。形制上为浅口，从侧视的外观尺寸图看，鞋帮前高2.9厘米、后高5.9厘米，虽然这里的"2.9厘米"是在用揉碎的拷贝纸填充在鞋头，在起鼓足造型下的测量尺寸，但是依旧大大低于后帮高度。这是一片式天足绣鞋在形制上最大的特征之一，由帮面一片式裁剪结构所致。另外，

这是一双可在室内穿着的功能鞋，抑或是由不用干活劳作的富家小姐所穿着，以审美功能为主。因为两层薄薄的鞋底没有传统意义上的、密集的纳线工艺。取而代之的是满绣植物花卉的装饰纹样，只是刺绣技法相对简单和粗糙。

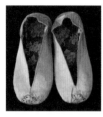  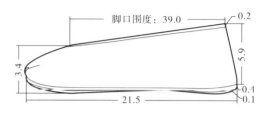

（a）实物标本图　　　　　　　（b）外观尺寸图——侧视

图2-53　粉红缎面刺绣浅口天足鞋实物标本与外观尺寸（单位：厘米）

（江南大学民间服饰传习馆藏品）

　　粉红缎面刺绣浅口天足鞋标本由于它的结构在民国以后妇女天足鞋中具有典型性，对其进行全息数据采集和复原是本研究获得可靠结论的基础，包括鞋帮结构、鞋底结构的测绘与复原（图2-54）。测绘发现，鞋帮为一片式结构裁剪。在造型上，对应鞋头的纸样较为方平。且因浅口的造型、鞋头处宽仅4.8厘米。通过测绘发现鞋底为对称形，从而得出此鞋是不分左右脚的。此外，帮面面料丝缕方向为直丝，鞋底丝缕方向为45°斜丝。

　　在制作工艺上，天足布鞋的合脚性主要表现在鞋头部位，因此，对于没有收省或分割的平面一体式纸样，在裁剪过后的帮底相绱过程中，制作者会

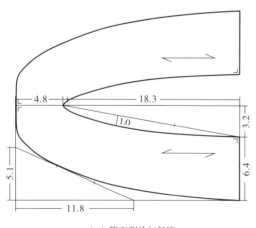 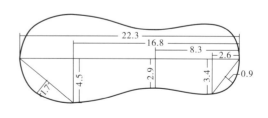

（a）帮面测绘与复原　　　　　　　（b）外底测绘与复原

图2-54　粉红缎面刺绣浅口天足鞋实物标本全息数据采集和结构复原（单位：厘米）

根据经验把多余的缝份有规律的吃进"鞋底"，因此形成了鞋头部分类似包子褶的造型，从而提高了布鞋的适脚性。

第二双，黑棉圆头尖口千层底天足鞋（图2-55）。相比于粉红缎面刺绣浅口天足鞋，该鞋的鞋口深一些。帮面由黑色棉布制成，鞋底由白色棉布制成，用料简朴，形制上为圆头、尖口。鞋长24.5厘米，前帮高5.7厘米、后帮高5.5厘米，鞋口绲边0.3厘米。此鞋是江南大学民间服饰传习馆藏一百余双天足鞋中少有的千层底形制。侧视该鞋，鞋底由5层底叠加而成，总厚度为0.8厘米，但是每一层底又是由无数层白棉布累积而成，故而称其"千层底"。传统造物中的一双布鞋的制作，工艺水准往往体现在鞋底的设计与制作上面。该鞋底的制作便是相当的精细。鞋底针脚排列有条不紊，用硬尺进行测量比对，各数据之间的误差很少。针脚0.2厘米不到，针脚与针脚之间的间距大约0.3厘米，排列的方向为45°斜角。

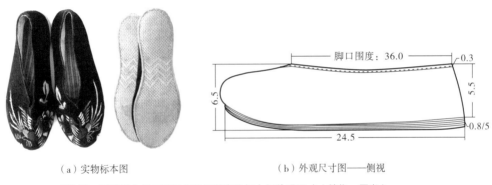

（a）实物标本图　　　　　　　　（b）外观尺寸图——侧视

图2-55　黑棉圆头尖口千层底天足鞋实物标本与外观尺寸（单位：厘米）
（江南大学民间服饰传习馆藏品）

值得一提的是，在鞋底中间的"腰部"设置了类似"山形"或"水纹"的纳线布局。这一设置并非特例，在众多的天足鞋中都有类似的情况。这一点心思其实十分巧妙，如此设计一是增加了鞋底纳线的针脚排列变化，表现制作者技艺的精湛，也具有直观的审美作用；二是此部位位于鞋底中间，对应于脚底向内凹的地方，不是足部受力的区域。因此，该部位纳线布局即使看起来相对松散，也不会影响千层鞋底的正常使用，丝毫不会影响其耐磨、耐穿的使用性能。

黑棉圆头尖口千层底天足鞋标本由于它的结构在民国以后妇女天足鞋中

具有典型性，对其进行全息数据采集和复原是本研究获得可靠结论的基础，包括鞋帮结构、鞋底结构的测绘与复原（图2-56）。测绘发现，鞋帮同样为一片式结构裁剪。在造型上，对应鞋头的纸样较粉红缎面刺绣浅口天足鞋略显尖锐，鞋头处宽8.7厘米。通过测绘发现鞋底为对称形，从而得出此鞋是不分左右脚的。帮面丝缕方向非直丝，有一些角度偏差；鞋底为45°斜丝。

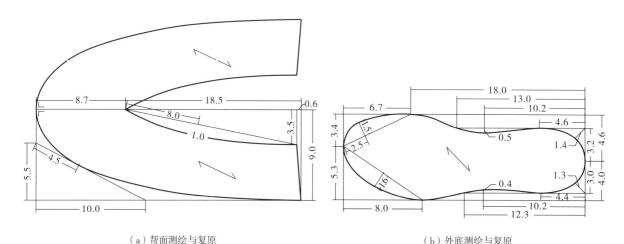

（a）帮面测绘与复原　　　　　　　　　　　　　（b）外底测绘与复原

图2-56　黑棉圆头尖口千层底天足鞋实物标本全息数据采集和结构复原（单位：厘米）

四、圆口方头天足鞋的构造

图2-57是齐鲁地区方头绣花天足鞋及鞋体侧面与鞋底的平面结构图。形制为水平型低帮布鞋，鞋帮高4.4厘米，脚口围度39厘米，脚口处绲了一道0.3厘米的黑边，黑边下面贴上0.2厘米的白色布条以作装饰。鞋身主体为粉红色织锦面料，多种式样的花卉暗纹显得丰富多彩。鞋底长24.5厘米，后跟宽6.4厘米，前端最宽8.8厘米，鞋头呈方形，鞋跟稍圆。鞋底主要由三层底复合而成，鞋后跟处多加了一层，每层厚度0.2厘米左右。经过多层鞋底的反复叠加与百针纳线，最终制作而成的鞋底十分结实耐用，方便劳动妇女日常劳作。鞋底纳线针脚较大，针脚长0.3厘米，针脚与针脚之间的前后间距也为0.3厘米。从纳线线料的选择可以看出，其耐磨性比黑棉圆头尖口千层底天足鞋更胜一筹。

除了刺绣布底与千层底之外，皮底是天足鞋中不为罕见的。如图2-58所示，鞋底内侧附有与帮面内里缝合为一体的内底，从外面看，鞋底完全由一

70

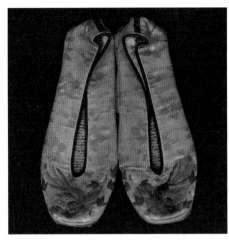

（a）实物标本图

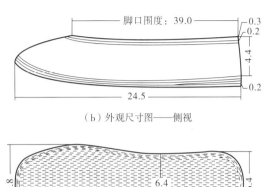

脚口围度：39.0

0.3
0.2
4.4
0.2

24.5

（b）外观尺寸图——侧视

8.8

6.4

6.4

（c）外观尺寸图——仰视

图2-57　粉红锦缎方头圆口千层底天足鞋实物标本与外观尺寸（单位：厘米）
（江南大学民间服饰传习馆藏品）

整块真皮构成，厚0.4厘米，在后跟处叠加了两层共厚0.5厘米的皮底，作为鞋底的后跟。后跟与外底的结合利用了铁钉，而外底与鞋帮的结合从外面还看不出来，应该是用粗棉线暗绱缝合，并且巧妙地将针迹藏了起来❶。

图2-58　黑绸圆头圆口天足鞋的皮底
（江南大学民间服饰传习馆藏品）

---

❶ 从鞋子的外观看，类似于现代制鞋业中的胶装鞋，即帮底用胶水粘贴结合。实际上，其绱鞋的做法依旧是
　传统的工艺，体现出了我国民间传统手工艺制鞋的较高水平。

五、方口天足鞋的构造

天足鞋中方口的造型在现存实物中并不多见，其鞋帮和鞋底的平面结构，除了鞋口的形状外，与圆口天足鞋、尖口天足鞋别无二致。在款式造型上有两种形式，一种是不带一字带的（图2-59），一种是带一字带的（图2-60）。一字带是在跗面❶部位有一横向条带部件，由内脚踝伸向外脚踝，通常采用钎、卡、扣、钉、纽等形式固定在鞋帮上，起跟脚作用。图2-60是江南水乡服饰中的一字带绣花鞋，鞋口有圆口、方口，一字带以子母扣❷固定，鞋口及鞋带边缘处都经过绲边处理。

图2-59　方口天足鞋
（江南大学民间服饰传习馆藏品）

图2-60　一字带天足鞋
（江南大学民间服饰传习馆藏品）

六、具有独特构造的天足鞋

除前所述，汉族民间不乏独特造型及结构的天足鞋，如江南水乡的"船形鞋"和"猪拱鞋"❸。江南大学民间服饰传习馆收藏有这个区域的各种民间传世绣花鞋14双，其中"船形鞋"5双，"猪拱鞋"6双，其他绣花鞋3双，除1双为棉鞋外，其余都是单鞋。"船形鞋"是鞋头尖而且上翘，形似水乡特有

---

❶ 跗面即脚背部位。

❷ 子母扣又称暗扣、按扣、揿扣、公母扣、啪扣等，由子、母扣两部分组成，子扣之间外凸一疙瘩，母扣中间内凹一扣位，且有弹簧卡槽，子扣按进母扣起固定作用。

❸ "船形鞋"和"猪拱鞋"两种称谓为笔者调研时取自民间俗称。

的、带有小蓬的舢板船的船头部位造型，整个鞋型也类似这种船的流线外形，这种船形绣花鞋穿着适用性很好，鞋底是两段底，在鞋底前半部分装上一块由细布经过密扎加工后、呈三角形状的薄鞋尖，鞋尖上翘，走路轻巧、利索，故俗称"扳趾头"鞋，后来有在鞋底钉上两块皮是为了防潮湿。

图2-61为江南水乡特色"船形鞋"标本与外观尺寸图。鞋帮前高6.4厘米、后高6.4厘米，水平型。鞋底长20.7厘米、鞋长24.4厘米。脚口绲边0.3厘米，围度为40厘米，鞋帮由两片合成，两片鞋帮用绢丝缉合而成，称为锁梁。两片鞋帮上的纹样也是对称的，均不分左右脚。鞋后跟上方钉有一块一寸见方的小花布，其实际作用是鞋拔子，笔者调研时当地俗称"鞋页拔"。鞋底为千层纳线底，先用棉布包底，再用棉线密扎百纳[1]。

"猪拱鞋"是除"船形鞋"之外的江南水乡另一大特色天足鞋。"猪拱"绣花鞋头扁圆而且略微上昂，形似猪鼻，故形象地称为"猪拱"绣花鞋；这

（a）实物标本图

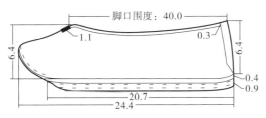

（b）外观尺寸图——侧视

图2-61　江南水乡特色"船形鞋"标本与外观尺寸（单位：厘米）
（江南大学民间服饰传习馆藏品）

---

[1] 张竞琼，崔荣荣. 穿遍江南：水乡服饰收藏记[M]. 上海：东华大学出版社，2014.

第二章　近代汉族民间足服分类及构造

（a）实物标本图

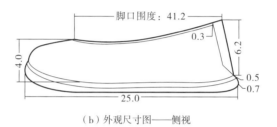

（b）外观尺寸图——侧视

图2-62　江南水乡特色"猪拱鞋"实物标本与外观尺寸（单位：厘米）

（江南大学民间服饰传习馆藏品）

　　两种鞋的形制和结构比较特别，均不分左右脚，许是出于制作方便的需要，许是出于民间风俗的需要。在绣花鞋的跟部镶有长度为3～4厘米的双层"U形"小布块，以前是用精致的绣花布，后来采用印花布代替，其功能是鞋拔的作用。图2-62是江南水乡特色"猪拱鞋"，经测量，鞋底自上而下第一层厚0.5厘米、第二层厚0.7厘米。鞋帮前高4厘米、后高6.2厘米，为前低后高型。脚口围度为41.2厘米，绲边0.3厘米。

　　此外，汉族民间具有独特造型和结构的足服还有闽南地区惠安女的"鸡公鞋"（图2-63），此鞋是闽南地区特有的、惠安女穿着的一种天足绣鞋造型。鞋帮前高7厘米，后高5厘米，鞋口绲边0.3厘米。鞋底前宽7.5厘米，后宽5.6厘米，呈前宽后窄造型。鞋底由白棉布不断累积而成的千层，厚达3.7厘米，几乎大于其他地区汉族所有千层底造型的厚度。最外层为一层动物真皮，在与地面接触的表面用手工捻成的粗麻绳纳起来。装饰纹样丰富多变，色彩艳丽和谐，体现出惠安女独特的审美心理特征。

（a）实物标本图

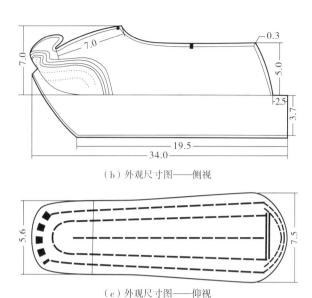

（b）外观尺寸图——侧视

（c）外观尺寸图——仰视

图2-63　闽南惠安女"鸡公鞋"实物标本与外观尺寸图（单位：厘米）
（江南大学民间服饰传习馆藏品）

七、纳鞋底的制作工艺

传统民间天足鞋和弓鞋遵循着基本的制作工序，尤其是针对鞋帮部件的制作，除了设计纸样不同外，其余工序如调糨糊、制作硬衬、上糨、绲边等制作工艺区别不大，帮部件与底部件的相缉工艺也区别不大。天足鞋与弓鞋制作工艺的差别主要体现在鞋底上，具体体现在天足鞋纳鞋底的工艺上。

纳鞋底是民间一种鞋底的制作工艺，即用针线在鞋底上纳制出密密麻麻的线迹，因所纳之底通常由无数层布料叠加而成，民间又称所纳的鞋底为"千层底"。此底不仅具有平、齐、硬的视觉及手感，更具有结实耐磨的特性，具有极强的实用功能，从遗存足服实物，如江南大学民间服饰传习馆及钟漫天先生的藏品来看，纳鞋底工艺主要运用在汉族男鞋、天足鞋及部分少数民族女鞋中，这是因为在古代，汉族男人与部分少数民族妇女是户外劳作的主要劳动力，所穿之鞋对底的实用性要求最高。总之，纳鞋底工艺在传统民间足服制作中的应用十分广泛。因此，这里基于田野调查❶重点介绍下天足鞋纳鞋底的制作工艺。

---

❶ 笔者选取江苏盐城（传统属于吴越、江南地区）作为田野调研区域，先后走访调研了射阳、滨海、阜宁、响水、建湖、大丰、东台县，涉及30余座现代化进程相对较缓的村落，寻访近100位掌握鞋底"千层纳线"手工艺的老人及其传人，拟依托于盐城地区总结、归纳出一套成熟完备的民间鞋底"千层纳线"手工艺。

（一）纳鞋底前的"千层"工艺

"千层"处理工艺是纳鞋底工艺的第一步，此工艺决定了鞋底的外观造型。此外，因为一双鞋底是由两只完全相同的鞋底组成，所以本文只针对一只鞋底记录工艺流程。

1.工具及布料选择

"千层"处理的工具主要有：刷糨糊用的刷子，民间常用刷锅用的"刷锅把"；用来搅拌糨糊和挂糨糊的竹条，民间常用筷子；打糨糊用的研磨精细的面粉；剪原布料、剪鞋样、刻鞋底和剪缝线等用的剪刀；描画鞋样用的笔；固定鞋底用的针线；糊骨子、晒鞋底用的桌台；打糨糊用的清水、灶台铁锅等工具和材料。

布料首选老洋布等粗棉布，这种布料有三个优点：一是质地厚实，利于多层叠加，实现鞋底"千层"厚的外观效果；二是材料表面粗糙，利于后续用糨糊"糊骨子"，老人称表面光滑的材料，如化纤等，糨糊基本不黏；三是组织结构松散，微观视角下纱线与纱线的间隔较大，利于后续的穿针纳线。总之，选用粗棉布，不仅做成的鞋底结实耐用，而且省力省时。

2.打糨糊及"糊骨子"

第一步，打糨糊（图2-64），为"糊骨子"备用。首先用锅烧开适量的水，然后向沸水中均匀、

图2-64　打糨糊手工艺
（2018年笔者摄于盐城村落）

缓慢地泼洒研磨细腻的面粉，注意一边撒一边用筷子搅拌，控制好面粉和水的配比，以用筷子挑出糨糊，糨糊能快速滑落为宜。面粉撒多了，糨糊太厚（浓），糊完的鞋"骨子"叠加起来不易纳制；面粉撒少了，糨糊太稀，粘黏性又太差。

第二步，"糊骨子"。首先用刷子蘸取适量糨糊均匀扫抹在桌面上[图2-65（a）]，然后将准备好的一层布料平铺在桌面上（布幅不够可以采取拼接的形式）使布料紧紧粘贴在桌面上[图2-65（b）]；铺完一层之后，再用刷子蘸取适量糨糊均匀扫抹在第一层布料表面[图2-65（c）]，然后再取一层布料平铺

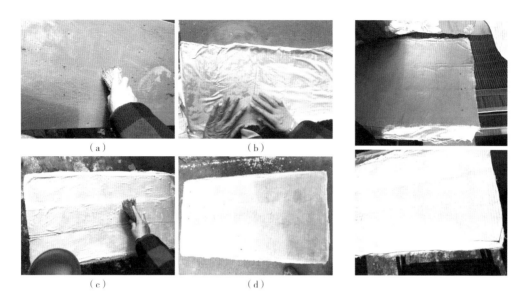

（a）	（b）
（c）	（d）

图2-65　"糊骨子"工艺	图2-66　"压床底"工艺
（2018年笔者摄于盐城村落）	（2018年笔者摄于盐城村落）

在第一层布料上，即完成第二层布料的粘贴；如此循环往复，直至完成四层布料的粘贴[图2-65（d）]，注意最后一层，即第四层布料铺完后，无需在其表面扫抹糨糊。至此，糊好四层"骨子"。

3. 晾糨糊及"压床底"

将糊好的"骨子"随桌子抬到室外在阳光下晾晒，直到把潮湿的糨糊和布料晒干，注意白天晾晒，晚上取回，以免早晚露水打湿"骨子"。晾晒时间视室外天气情况而定，阳光强，晒得速度比较快，天气阴暗，晒得时间比较长，一般需要晒2~3天。晒完之后，在"刻鞋底"之前，还需要进行一项特殊的工艺——"压床底"，即将"骨子"从台面上轻轻地剥离开来（注意不能扭曲折叠），放在床底下压着，实际上是放在被褥和席子中间（图2-66）。压了2~3夜的"骨子"非常平整，经验丰富的老人称用这种"骨子"做成的鞋底非常平整、好看。

4. "剪鞋样"与"刻鞋底"

鞋样，即鞋底样，是做鞋底的"设计图纸"，直接决定了鞋底最终的平面造型。在民间，俗称制作鞋样为"剪鞋样"，主要有三种方式：第一种是"纸纸相传"式，人们通过询问亲戚朋友、邻居等，谁家有合适的鞋样就借过

来，按样复剪一份。记得笔者小时候，家里的旧书里都会夹有很多造型各异的鞋底样，都是母亲按照这种方式复剪收集的；第二种是"默剪"式，即不用模板甚至任何参照，直接拿剪刀剪出尺寸合适、造型优美的鞋底样，这需要足够的经验积累。在笔者调研中，只有几位上了年纪的老人，因为做了一辈子的鞋底，深谙此法，年轻一辈的手艺人已经鲜有掌握此法的了；第三种是"依样画葫芦"式，照着鞋底实物去画（拓取）鞋样，此法虽然实用，但也有一定的局限性，只能做同样大小的鞋底。图2-67（a）鞋样是笔者收自河南民间，尺寸（长度）不大，应该是脚不大的妇女或十多岁孩子的鞋样，现藏于江南大学民间服饰传习馆，笔者请民间艺人以此鞋样做鞋底，不用再费心另剪。

鞋样剪好后，便进行"刻鞋底"工艺（图2-67）。将鞋样按照一定的方向和位置摆放在压平的"骨子"上，用笔沿着四周描画出轮廓，再用剪刀剪下来，便获得了一只"鞋底"，依此方法循环往复，按所需鞋底的厚度及层数裁剪，这里裁剪了八只"鞋底"。注意裁剪的丝缕方向为直丝，不可斜丝，斜丝裁剪，鞋底容易变形，那鞋就做坏了。剪完后，将所有鞋底对齐叠加在一起，检查鞋底四周，看看每层鞋底是否一样大小，不对齐的地方用剪刀修剪对齐。

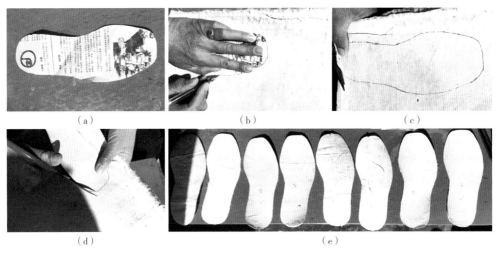

（a）　　　　　　（b）　　　　　　（c）

（d）　　　　　　　　（e）

图2-67 "刻鞋底"工艺
（2018年笔者摄于盐城村落）

5. 打糨糊及包边、"摞鞋底"

这里需要再一次打糨糊，用来给鞋底包边和"摞鞋底"，但是不同于"糊骨子"时烧煮的稀浆糊，这里只需用沸水直接冲泡出厚实的固体形态的浓浆糊即可（图2-68），其粘黏性能比稀浆糊更加强劲。

图2-68 浓糨糊
（2018年笔者摄于盐城村落）

包边需要裁剪具有一定宽度（约3～4厘米）的斜布条[图2-69（a）]，即现代服装工业中的"斜裁"技术，其原理也是一样，能使布条具有一定的伸缩性，能够更加服帖地贴在鞋底边缘。图2-67中裁剪了八只鞋底，因为单只厚度较薄，选取两只为一组进行包边：首先用筷子挑适量糨糊，均匀地抹在包边条上；然后将包边条中心线在鞋底侧面的中心线上对齐，顺着一个方向进行包边（图2-69）。需要注意的是，其中一组鞋底的包边不同于其他组，需要裁剪面积超过鞋底面积的斜料，将鞋底的一整面包裹起来直至另一面的边缘处，被包起来的这一面作为最终鞋底朝外（朝地面）的一面，即表面。需要指出的是，笔者之前普样调查并研究了江南

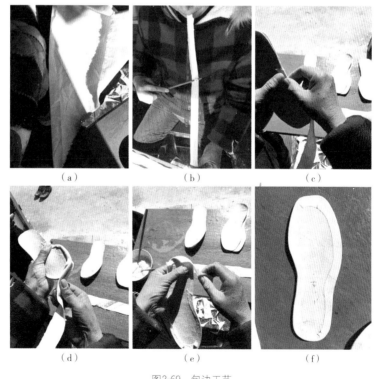

（a） （b） （c）

（d） （e） （f）

图2-69 包边工艺
（2018年笔者摄于盐城村落）

大学民间服饰传习馆藏400余双民间足服，通过对其中纳鞋底工艺进行分析后发现，其鞋底的丝缕方向都是斜丝（基本是45°），可以得出此情况正是由鞋底包边工艺所致，实际上里面看不见的"千层"布料都是直丝裁剪。

包完边之后是"撂鞋底"，用浓浆糊将四层鞋底一层一层粘贴，"撂"起来（图2-70）。注意在"撂"的时候，各层之间务必严丝合缝、四周对齐，否则影响鞋底成品的美观，而且一旦鞋底"撂"完之后便不可拆开重"撂"了，否则影响鞋底的紧致程度。至此，已基本形成"千层底"的外观效果了。

（a）　　　　　　　　　（b）　　　　　　　　（c）

图2-70　"撂鞋底"工艺
（2018年笔者摄于盐城村落）

6.晒浆糊与固定

经过包边、"撂鞋底"工艺的"千层"底内部保留了大量的浓浆糊，需要进一步晾晒，且晾晒的时间比之前还要长。一般晾晒2~3天后，待浆糊有七八成干的时候，先用针线将鞋底各层假缝固定起来（图2-71），防止"千

图2-71　"固定"工艺
（2018年笔者摄于盐城村落）

层底"在晾晒的过程中，各层之间发生错位等疵病。固定后将"千层底"再次放至室外晾晒，接下来每晒一天，都要取回用纳底针试戳一下鞋底，检验鞋底的干燥程度，因为民间称晒得足够干燥的鞋底非常酥脆，纳起针来相对不那么费劲。

（二）纳鞋底工艺

1.工具及线的选择

鞋底"纳线"用到的工具有：纳底针（选取韧性强的钢针）顶针、锥子（辅助纳底针进行纳制）、剪刀等。传统民间用的纳底线有很多种，常用的按材料分有由麻类植物纤维捻制而成的麻线，有由棉花手工捻制而成的棉线。线的粗细在捻制的时候可以调节，纳线的时候也可以调节线的粗细，可以一股，也可以多股纳制。盐城民间传统常选手捻棉线，并双股纳制。

2."走边子"工艺

在对鞋底进行正式"投门子"纳线之前，需要先沿着鞋底的四边，用回针的针法纳制一圈，民间俗称"走边子"，意思是针线先在鞋边上走一圈（图2-72），以起到彻底固定鞋底，使鞋底各层布料，即"千层"布料，紧紧地联结在一起，避免后续纳线时出现错位。

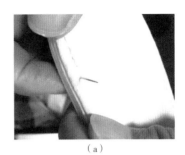

（a）

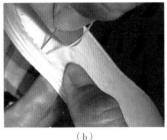

（b）

图2-72 "走边子"纳线工艺
（2018年笔者摄于盐城村落）

需要注意的是，走完边子后再拆掉之前晒糨糊时"固定"的加缝线。

3."投门子"纳线工艺

"投门子"❶是盐城民间俗称，指鞋底"纳线"的针法工艺，指每一行的针脚，即纳线留下的线迹，需要与其相邻的一行针脚"相投"，即两行的针脚不能相对，需要错开，各针脚与其相邻一行两个针脚的空隙（图2-73）对应。民间将相邻两行针脚相对的纳法俗称"对窝子"，年轻女孩在初学纳鞋底时，常常出现这种毛病，引得旁人一阵笑话。此外，纳线的针脚有大有小，在盐城民间，针脚大的称"大爆针"，意思是长长的针脚"爆发"，显露在鞋底表

---

❶ 传统民间在形容一个人投师学艺，所投师父要专业时称"师要专，莫乱投门子"；在形容一个人办事托对关系、找对人时也称"投门子"，所花的钱为"投门子"钱。可见"投门子"词汇本身既具有一种对错识别意味的判断属性，只有做对的事情才是"投门子"。因此，盐城民间用"投门子"来命名这种鞋底纳线工艺，本身就包含了一种非他莫属的选择导向。"投门子"纳线工艺在其他地方也很常见，但并非此名，一般依据针脚排列命名为"三角针"，只有盐城地区普遍俗称"投门子"。笔者调研盐城各县市区、村落，发现无一人不用此工艺纳鞋底，不强调"投门子"工艺，这也实证了上述判断，也足见该地区对"投门子"工艺的坚定实行。这种"坚定"还可从对比中发现，其他地域的鞋底纳线虽然也以"投门子"，即"三角针"为主，但也有例外。例如，苏州地区纳鞋底的"平行针法"。平行针法的外观与三角针法有明显的区别，它并非三角针法的散点状，而是沿着鞋底外轮廓成依次递减的环形。

面，民间认为这种针脚比较好看，是常用针脚；针脚小的称为"碎米针"，意思是针脚长度和碎掉的米粒一样长。

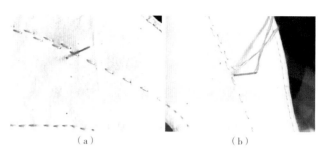

图2-73 "投门子"纳线工艺
（2018年笔者摄于盐城村落）

在熟练掌握"投门子"纳线工艺后，想要把鞋底纳得结实、美观，还需要遵循一定的空间布局法则、阵法。经过大量的田野调查，笔者将盐城民间的布局阵法总结为两种：一种是"回形"阵法，首先在鞋底正中间纳一道"中心线迹" ❶[图2-74

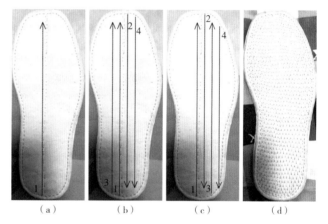

图2-74 "投门子"纳线阵法布局
（2018年笔者摄于盐城村落）

（a）]，鞋底此处的纳线走向，由鞋头处向鞋跟处还是由鞋跟处向鞋头处不讲究，这里选择了由鞋跟处向鞋头处的走向。然后如图2-74（b）所示步骤2、3、4，围绕"中心线迹"，以"回形"的方向循环纳制，直到将鞋底纳满为止；第二种是"S形"针法，纳好"中心线迹"后先在其一侧（或左或右都可）纳制，阵法如图2-74（c）所示，以"S形"的方向循环纳制，直到将该侧鞋底纳满，再以同样的方法纳制另一侧即可。纳好的鞋底，如图2-74（d）

---

❶ 据盐城当地老人称，之所以先在鞋底正中间纳一道"中心线迹"，主要出于三点考虑：一是先在鞋底的正中间纳上一行线，能很好地起到固定的作用，若直接从鞋底一端密密麻麻纳到另一端，过程中随着手温的传递和纳制时的各种用力，容易使还未纳到的由糨糊粘成的各层"鞋底"相互剥离甚至错位；二是先在正中间纳出一条笔直的线迹便有了对齐的基准和参照，利于后面各行纳制出笔直、不歪斜的线迹；第三点考虑则比较直白，因为只有先纳上一行，才能进行第二行的"投门子"。如此可见盐城地区纳鞋底手工艺中的匠心别具。

所示，上面密密麻麻的线迹"路路成行"，整齐有序地排列在一起，鞋底平整、板实。

（三）民间纳制鞋底的后处理

经过"千层"和"纳线"两道主要工序的鞋底，已经完全具备了耐磨、舒适的实用性能了，但是在一些地区，人们还发明了一些独具匠心的后处理，最典型的就是捶打工艺和蒸煮工艺。需要说明的是，这两种工艺在传统盐城地区十分罕见，笔者在盐城田野调研时也未得到证实。但是，这些独特的后处理工艺在齐鲁、中原等一些北方地区可以见到。

1.蒸煮工艺

在一些民间地区，人们会将纳制好的鞋底，放在锅里蒸煮，有放在蒸笼上蒸，也有直接投入热水中煮的。这种工艺的原理是，利用水蒸气和热水将之前扫抹、涂抹在鞋底内部的浆糊再次化开，使化开的浆糊均匀地淌满鞋底各层之间，使各层布料和浆糊"融为一体"，图2-75为传统纳制鞋底的解剖，各层鞋底已经完全不分彼此，无法剥离，也无法数清此底到底有多少层，只能称为"千层"了。

图2-75　纳制鞋底的解剖
（钟漫天先生藏品）

2.捶打工艺

鞋底纳制好后，将其放在结实平滑的水平面上，用实木榔头依次用力捶打鞋底的各个部位，正反面都要捶。捶打的一个好处是夯平、夯实"千层"鞋底，使布料与布料之间贴合、粘合，尤其是经过蒸煮工艺处理后的鞋底，鞋底内的浆糊在捶打的过程中可均匀布满鞋底的每一个角落。

第六节 汉族民间其他足服的构造

除了弓鞋、放足鞋和天足鞋女鞋外，汉族民间足服从造型上看，还有男鞋和童鞋两大品类，这两类足服区别于女鞋，具有其自身独特的造型及构造。

一、民间男鞋的构造

通过对民间男鞋的整理、分类分析，选取三双实物标本，从造型和构造的角度，进行详细地拓取、测绘和研究。

第一双是齐鲁地区的"禅鞋"。"禅鞋"俗称"牛鼻子鞋""夹鼻子鞋""三叉子鞋""大鞋"等，民国时期流行于齐鲁山区。其最大的特点是鞋底厚实，鞋底用粗线密密麻麻纳过以增强硬度和牢度，鞋底比鞋帮长大约6厘米，长出的部分呈三角形，制作时用蒸汽馏软，然后扳弯后与鞋帮紧扣，使前脚面成似"牛鼻子"形状并缝出棱角，俗称"锁梁"，后跟装"鞋提跟"以便穿

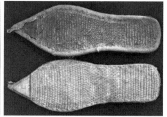

（a）实物标本图

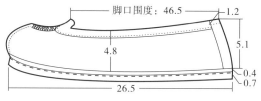

（b）外观尺寸图——侧视

图2-76 男式禅鞋实物标本与外观尺寸
（江南大学民间服饰传习馆藏品）

着，此鞋尤其结实耐穿，适合爬山和在荆棘中劳动时穿。

图2-76是一双男式禅鞋实物及外观尺寸图，脚口包边1.2厘米、围度46.5厘米，明显大于妇女的鞋子。鞋帮后高5.1厘米，前中部高4.8厘米，双层鞋底，内底厚0.4厘米，外底厚0.7厘米；不算"牛鼻子"部分的外底长26.5厘米，鞋底头部拼接一锥形三角形，即作"牛鼻子"用。从底部件（正反面）标本可以清晰地看到鞋底纳线的针法走向，所使用的纳线材料等。

第二双是云头男鞋。如前所述，云头鞋是我国汉族传统足服形制之一，在男鞋中也是如此，如图2-77是一双黑色云头鞋及其外观尺寸图。鞋头部分前凸，鞋底长23.3厘米，鞋身长25.5厘米，后帮高6.4厘米，鞋帮最低处高4.5厘米，脚口围度为46厘米。脚口镶1.5厘米黑色布边，中间手缝一路线迹以作固定。鞋头处贴补三层云头，云头中心用绕针（即"拉锁子"）刺绣"寿"字，云头边缘用黑色线锁边。云头鞋除了云状的鞋头之外，最大的形制特点就是厚实夸张的鞋跟，不同于坡形的高跟，这双鞋跟厚2.1厘米，十分笨重。鞋底上连接一层厚0.6厘米的豆绿色皮质底，鞋后跟正中镶一条黑色皮革，既为支撑也为装饰。鞋底前宽8.2厘米，后宽5.6厘米，呈前宽后窄造型。另外，在此鞋后帮处密密麻麻地纳缝了线迹，大大地增强了鞋后帮的耐磨实用性能，也具有一定的装饰美化作用。其实，鞋头处的云纹装饰同样具有一定的耐磨

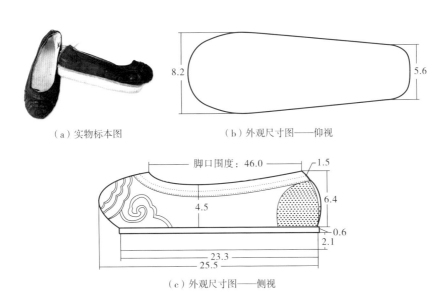

（a）实物标本图　　　　　　　（b）外观尺寸图——仰视

（c）外观尺寸图——侧视

图2-77　云头鞋实物标本与外观尺寸图

（江南大学民间服饰传习馆藏品）

实用性能，它们都是民间造物中"美用一体"思想的良好体现。

第三双，黑缎衍缝万字纹棉鞋（图2-78），收集自北方晋地。鞋梁以精选的驴臀部的皮制成，因为这个部位的皮质有弧度，能够与鞋头契合，而且很有韧性。鞋梁上装饰一编带加固鞋口。面料采用黑色缎面，里料为白色棉布，面里料之间絮填一层厚厚的棉花状材料，厚实保暖，由此推断此鞋应是北方地区在寒冬时节所穿。此外，厚底的形制是中华传统男鞋的一个非常重要的特点，不管是官靴还是民间足服都是如此，图2-79是一件厚底工艺瓷鞋，图中一层厚厚的鞋底清晰可见。

图2-78　黑缎衍缝万字纹棉鞋
（江南大学民间服饰传习馆藏品）

图2-79　汉族民间厚底工艺瓷鞋
（江南大学民间服饰传习馆藏品）

此外，汉族民间还有一些具有特色造型的男鞋，如东北地区的靰鞡鞋（图2-80）。靰鞡又写作"乌拉""兀剌❶"，是一种东北人冬天穿的"土皮鞋"。其造型十分特别，对比一般足服，具有"硕圆一体"的造型及构造特点：体型硕大；鞋头、后跟、鞋底边缘等处圆润无棱角；从结构上看，鞋帮与鞋底由一整块皮质制成，即帮与底形成一个整体。

靰鞡鞋的制作工艺主要分为选材、裁剪、起褶、缝制和絮填，其中选材和处理最为繁复。制作靰鞡鞋的皮通常选用厚厚的牛皮（民间也有用猪皮、驴皮等动物皮），但须经过一系列的工艺处理才能使用。首先，将扒下来的生皮放到木头床上用刀刮净肉里子，再投入石灰水中浸泡，时间约7～15天，以泡掉皮上的毛发；然后，再用清水泡洗表面残留的灰尘杂质，随后将皮放进特制炉子内烧枯草进行烟熏，民间俗称"熟皮子"；最后，熟好的皮放在

❶ "乌拉"和"兀剌"都是蒙古语"ula"的音译，具有表示皮鞋、皮靴的意思。

室外晒成棕红色，再用铲子蹚成杏土黄色，至此，皮料的处理才算完成。鞋面抽成一圈均匀的皮褶，皮褶数量有多有少，少则八九个，多则20来个。在褶儿的后面有一个向上凸起的舌头，鞋口周边再窜上细细的牛皮带子，用来穿着时系绑在裤脚、小腿上，使靰鞡鞋更加合脚、便捷、保暖。再续上事先捶好的靰鞡草，靰鞡草要用草榔头经过反复颠砸

图2-80　靰鞡鞋
（江南大学民间服饰传习馆藏品）

才会变得柔软，絮在靰鞡鞋里既温暖又舒服。即便是在零下几十摄氏度的户外环境中劳作一天也不会冻脚。

二、民间童鞋的构造

　　虎头鞋和猪头鞋是汉族民间童鞋中最普遍、最具特色的两种形制。尤其是虎头鞋，几乎成了传统童鞋的代名词。虎头鞋，即虎头童鞋，因鞋头呈虎头模样而得名，在北方地区也被称"猫头鞋"。在民间，新生的儿童自一岁左右学会走路之后便开始穿着父母长辈为其精心准备的虎头鞋（图2-81）。

图2-81　虎头鞋
（江南大学民间服饰传习馆藏品）

　　虎头鞋做工复杂，仅虎头上就需用刺绣、拨花、打籽等多种针法。鞋面的颜色以红、黄为主，虎嘴、眉毛、鼻、眼等处常采用粗线条勾勒，夸张地

表现虎的威猛（图2-82）。造型和工艺是比较简易的，刻画虎头造型的针法工艺比较单一，基本采用了平针这一种方式。传统虎头鞋的缝制需要经过打褙褙、纳鞋底、做鞋帮、绣虎脸和掩鞋口五个工序，"绣虎脸"无疑是其中最为关键的一步，直接决定了一双虎头鞋的外观造型和艺术特征。虎脸的造型丰富多彩，有王字虎、麒麟虎、母子虎等。在祖祖辈辈的口传心授下，心灵手巧的妇女们早已将它们熟记于心。脸部的虎嘴、虎鼻、虎眼、虎眉、虎耳朵等花形都需要手工的刺绣勾勒，刺绣的线多为粗绒绒的毛线，虽然不如丝线珍贵，却更能表现出虎头的生动形象。另外，与常见的虎头鞋不同，图2-83所示的这双鞋的底与勒连为一体，非常柔软，鞋勒很高，造型类似于袜子，或者鞋袜。因为这是给刚出生还不会走路的婴儿穿的，所以没有鞋底。

与虎头鞋一样，猪头鞋是一种以猪头为装饰形象的童鞋形制。形制上，最大的特点就是鞋头为方形，有两只大大的猪眼睛，两只猪耳朵，及具有标识意义的猪鼻孔（图2-84）。另外，在猪脸额头部位，也是对应鞋口收口的地方设置了黄色毛线的流苏。猪头鞋整体风格可爱、俏皮，十分符合儿童的形象。其工艺与虎头鞋差别不大，差别主要表现在猪形态的设计与制作上。

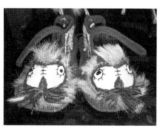

图2-82　传统虎头鞋
（笔者田野调研时摄）

图2-83　婴儿软底虎头鞋
（江南大学民间服饰传习馆藏品）

图2-84　猪头鞋
（江南大学民间服饰传习馆藏品）

图2-85　儿童穿的"禅鞋"
（江南大学民间服饰传习馆藏品）

实际上，除了上述儿童穿特色足服外，大部分的童鞋，尤其是五六岁以上的孩子穿的足服，其造型和结构与成人足服基本一致，只是在尺寸上因儿童脚小而存在明显区分。如图2-85所示，是一双儿童穿的"禅鞋"，其造型构造与成人穿的一样，只是尺寸变小，还有鞋底制作的布料层数减少，鞋底纳线用的线变软变细（变粗苎麻线为细棉线）以及纳制时针脚布阵的密度变小。

三、民间足服饰品的构造

足服饰品泛指除了常规理解层面的鞋履之外，一切与足部发生关系的服饰品。这些物件往往作为鞋履的辅助品，弥补鞋履的服用功能不足之处，如改善其卫生性能、舒适性能、保暖性能等，是汉族民间足服不可或缺的组成部分。

（一）袜与"鞋袜"

古代，袜称"足衣""足袋"，形制分有筒袜、系带袜、裤袜、分趾袜、光头袜、无底袜六类。有筒袜的袜筒高低不一，有的长至腹部，有的仅至踝间；系带袜在袜口设置系带，确保穿着时不易脱落；分趾袜是将拇趾与另外四趾分开，适用于木屐；光头袜和无底袜则多用于古代缠足的妇女，因其结构的不完整性，俗称"半袜"。在1988年发掘的江西德安南宋周氏墓中发现了保存

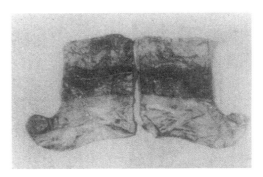

图2-86　南宋金黄罗短筒袜
（引自李科友，周迪人，于少先. 江西德安南宋周氏墓清理简报[J]. 文物，1990（9）：5. ）

完好的7双筒袜。其中长筒袜3双，中筒袜2双，短筒袜2双，皆由金黄色罗制成。长筒袜分为三段缝制——圆跟、脚尖上翘、上端系带，长40厘米、筒宽12～13.5厘米、脚尖至脚跟长17厘米、带长22厘米。中筒袜、短筒袜分二段缝制。中筒袜长20.5厘米、筒宽22厘米、脚尖至脚跟长18厘米。短筒袜长17厘米、宽12厘米、脚尖至脚跟长18厘米（图2-86）❶。

---

❶ 李科友，周迪人，于少先. 江西德安南宋周氏墓清理简报[J]. 文物，1990（9）：5.

图2-87　清末以后针织长筒袜
（江南大学民间服饰传习馆藏品）

清末以后，欧洲国家将针织品输入中国，洋袜、手套以及其他针织品通过上海、天津、广州等口岸传入内地。受其影响，商人们在沿海主要进口商埠相继办起了针织企业，袜子从此以后也多由针织制成（图2-87）。其形制也开始脱离传统的宽大肥硕、无弹性的特性，变得更加适体和舒适。

"鞋袜"是一种形制和结构介于鞋子和袜子之间的足服饰品。从"袜"的角度看，"鞋袜"是袜的结构升级版，大大加强了袜的结实耐用性能，表现在帮底分件结构下的底部件纳底工艺。从"鞋"的角度看，其底的结构和工艺还没有达到户外劳作所要求鞋底的厚度和强度，因此"鞋袜"可以在室内服用，也可以作为休息时穿的睡鞋（图2-88）。

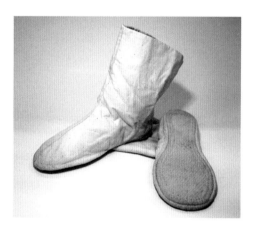

图2-88　白棉布纳底高帮鞋袜
（江南大学民间服饰传习馆藏品）

（二）鞋垫

鞋垫是置于鞋内极普通和常见的服饰部件，是藏于足底不轻易示人的服饰品，是保护脚底卫生，保证足衣卫生性和使用牢度、足底健康性和舒适性的重要辅助服饰品。绣花鞋垫是汉族民间非常普及的一种服饰品，直到现在很多地方也可以经常看到绣鞋垫的情景。根据绣花工艺，鞋垫可以分为平绣鞋垫、割绒绣花鞋垫、十字绣花鞋垫。

平绣是中华传统服饰中最主要和常见的手工艺及图案装饰手法，凝聚着中华民族神韵和传统民间手工艺艺术。平绣鞋垫采用比较精致的、写实的刺绣形式，工艺细腻精湛（图2-89）。

割绒绣花鞋垫是极富有齐鲁文化地域特色的绣花鞋垫，具有独特制作工艺和巧妙的构思。主要采用的是两面刺绣工艺和割绒工艺，刺绣是相对比较粗犷的风格，用的是较柔软的绒线。割绒技术将绣好的鞋垫一分为二，其厚度和蓬松保证了鞋垫的柔软和透气功能，适合冬天穿着，同时恰到好处地体现传统审美中的一致和对称的形式讲究。将数层甚至十余层棉布层层叠加并在中间以两层网状物隔开，然后开始两面绣花，绣好后用刀片从两层网状物中间割开成完全对称的两只鞋垫，绣花针法的密度、粗细和松紧决定了鞋垫的厚度和柔软程度，如针距为0.15～0.2厘米，割开后的单个鞋垫厚度为0.3～0.4厘米；针距为0.3～0.4厘米，割开后的单个鞋垫厚度可达0.6厘米。这样的鞋垫一面紧密细致，一面是绒面的柔软，非常透气和舒适，别具匠心的民间技术使得这不起眼的小鞋垫成为我国具有特殊意义和艺术内涵的民间工艺品（图2-90）。

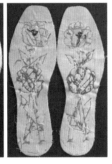

图2-89　平绣鞋垫（正反面）　　　　　　图2-90　割绒鞋垫（正反面）
（江南大学民间服饰传习馆藏品）　　　　（江南大学民间服饰传习馆藏品）

鞋底的制作面料以纯棉为主，刺绣选用的线明显与一般服饰品不同，较为朴实，棉线和绒线居多，鲜有丝线。这与鞋垫藏于鞋底不显露出来的服用特性有关，也体现了中国传统民间制衣"重面不重里"的造物思想。如图2-91是一双割绒绣花鞋垫的半成品与它的设计制作者，记录了鞋底制作的中间过程。可以清晰地看出其材料除了正反两面为白色棉布之外，夹层由6层（一层4～8片）渔网形状和质感的材料组成，在最中间还夹有数层粗呢布，应该是从被淘汰的破旧衣服上裁下来的。

十字绣花鞋垫是绣花鞋垫中比较特殊的形式，细密的针法使得鞋垫比较硬挺、耐磨，实用性很强。十字绣也是中国传统的绣花工艺之一，其工艺精

图2-91　割绒绣花鞋垫半成品（正、反、侧面）与它的制作者
（笔者摄，实物现藏于江南大学民间服饰传习馆）

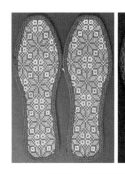

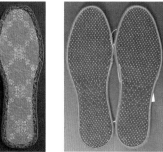

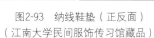

图2-92　十字绣鞋垫（正反面）　　　　图2-93　纳线鞋垫（正反面）
（江南大学民间服饰传习馆藏品）　　　　（江南大学民间服饰传习馆藏品）

巧，针法独特，色彩富丽而典雅，大多采用简约的几何线条，不仅为民间手工艺精品，同时也体现了民间绣女的心灵手巧（图2-92）。

　　此外，也有无任何刺绣装饰的鞋垫（图2-93），只有以细针脚纳制的普通纳线，类似鞋底的纳线工艺。

　　（三）绑腿

　　绑腿是汉族民间足服中一种非常重要的服饰品，在传统民间，不管男人还是妇女，都有穿绑腿的习俗（图2-94）。绑腿在古代属于下裳，实质上与绔（同"袴"，即胫衣）形式不同而护体部位相近，都是用在小腿上的服饰，

图2-94　绑腿的妇女们（左图为农家妇女们、右边为富家妇女们）

称"常韦"，又作"尚韦""裳韦"。绑腿古亦称"邪幅""幅"，郑玄笺："邪幅，如今行縢也，偪束其胫，自足至膝，故曰在下。"其形式有两种，一种是一幅上宽下窄的布或皮，用带子绑扎；一种是一条宽带梯形绑扎，后一种后代一直沿用。❶然而从现有传世实物来看，至少在清末以来的汉族民间，绑腿已经完全失去了古代"上宽下窄"的形制特征，完全演变成两片平行的布带子。

　　绑腿❷的形制和结构比较简单，尺寸没有严格的标准，可做变化。绑腿打法是将一头从鞋帮开始绕脚踝平裹，每一圈或两圈可将绑腿翻面，保证平贴腿面不断向上，在缠裹的过程中保持松紧适度，太紧压迫腿部血管，引起肌肉不适，太松易脱落不起作用。绑腿打好后需要严封（图2-95）。

❶ 王贵元. 释汉简中的"行胜"与"常韦"[J]. 语言研究，2014，34（4）：112-115.
❷ 除了汉族民间妇女的绑腿，还有南方少数民族用的上山绑腿、北方少数民族用的骑马绑腿以及部队用的军用绑腿。这些绑腿相比传统妇女绑腿，长度较大，绑满了膝盖以下的整个小腿部分。

第二章　近代汉族民间足服分类及构造

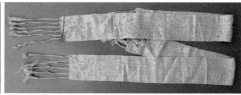

图2-95　绑腿
（江南大学民间服饰传习馆藏品）

（四）鞋套及鞋跟

　　鞋套也是民间足服饰品之一，也是与鞋搭配使用的一种服饰品。从造型构造上看，鞋套之所以被称为鞋套，正是因为其不具备构成造型完整鞋的可能，因此可以得出鞋套的定义：套在鞋的外部，包裹住鞋的部分，以增强该部分实用性能的足服饰品。图2-96即是套在鞋帮部位的鞋套，以增强原本鞋帮的服用性能，更好地防护脚面及脚踝。此外还有套在鞋底上的鞋套以增强鞋底的耐磨性能。

　　这里的鞋跟特指与缠足弓鞋搭配使用的鞋跟（图2-97），并且是平底或无外底造型的弓鞋，使其具备高底造型。这种独特的足服搭配方式显得更加便捷，具有一定的选择性和灵活性，能够更好地满足缠足妇女的穿鞋习惯。

图2-96　鞋套　　　　　　　　　　　图2-97　鞋跟及其穿搭方式
（江南大学民间服饰传习馆藏品）　　　（江南大学民间服饰传习馆藏品）

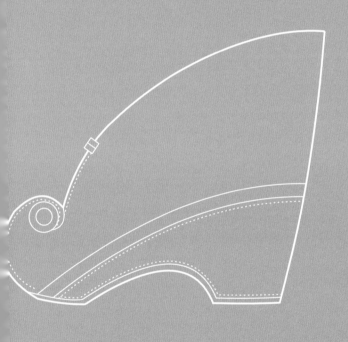

第三章

汉族民间足服的装饰艺术

　　"装饰"一词在我国古代出现得很早，早在《后汉书·逸民传·梁鸿》中就有相关记载："女（孟光）求作布衣麻屦，织作筐缉绩之具。及嫁，始以装饰入门。"❶这里的"装饰"是修饰、打扮的意思。蔡元培在《华工学校讲义》里曾详细论述道："装饰者，最普通之美术也。"在内容上包括其"所取之材""所施之计""所写象者"以及"所附丽者"。❷针对足服装饰而言，"所取之材"即足服装饰使用的材料，如五彩缤纷的绣线等；"所施之计"即足服装饰所使用的技艺，如刺绣、镶绲等；"所写象者"即是足服装饰的具体内容，如各种题材的纹样构成及其色彩搭配等；"所附丽者"则指装饰的依附之物，足服装饰显然是一种依附于足服上的装饰艺术。因此，本章拟立足于足服的诸多装饰形式，分类阐释汉族民间足服在装饰方面的工艺技巧、视觉艺术以及艺术思想等。

第一节　民间足服的装饰技艺

　　从造物的角度看，装饰工艺在传统女红的装饰与艺术领域起着决定性作用。装饰技艺是实现设计题材、完成装饰内容的技术支撑，直接决定了装饰后织物表面的质感和视觉艺术风格。人们针对足服不同的装饰主题和设计纹样等，可以灵活地选择适用的具体刺绣技艺进行艺术创作。笔者经过对现存大量汉族民间传世足服的调研考察，发现其涉及的装饰技法有刺绣、织造、贴边、镶绲等。

一、刺绣装饰技艺

　　刺绣，是对在各类织物表面上通过穿针引线，按照一定的组织、排列规

---

❶ 范晔. 后汉书[M]. 李贤，注. 北京：中华书局，2014.
❷ 蔡元培. 中国人的修养[M]. 北京：金城出版社，2014.

律来呈现及渲染各种装饰纹样的技法的统称，是传统服饰装饰的主要技术支持，亦是民间足服装饰技艺的"主力军"。

（一）平绣技艺

平绣是民间足服装饰中使用度最高的刺绣技艺，不管是在使用频率上，还是在使用面积上。如图3-1所示，平绣用线段构成的绣法，在设计好的纹样上，通过控制运针的方位、针脚的起落，选用绣线的色相、粗细，以及调整各线段排列的顺序、疏密、交叉等，将无数条造型各异的线段组成一幅平面的刺绣纹样。因此，平绣工艺最能表现出纹样"平面"的视觉特性，但需要注意当刺绣面积过大时，需要按照纹样空间布局进行适当的分割，避免产生因刺绣走线过长导致绣面松散的疵病。以平绣装饰的纹样表面细致入微，纤毫毕现，富有光滑、厚实的质感，呈现出"平、齐、光、凉、净"的艺术特性，适用的纹样题材较多，善于刻画体量较大的植物花瓣、叶子，构图较细腻的飞鸟、金鱼纹样等。

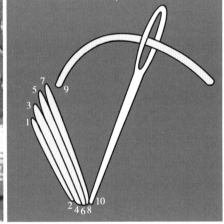

图3-1　平绣技艺示意
（江南大学民间服饰传习馆藏品）

（二）盘金绣技艺

盘金绣属于条纹绣的一种，通过将金线按照相同或者不同的方向不断地回旋、盘绕，并以与金色相近似的细丝线或棉线将金线钉缝固定在织物表面，从而实现对纹样的装饰。其绣线有"双金"和"单金"之分，两根金线并在一起绣的称"双金绣"，一根金线单绣称"单金绣"，双金绣使用相对较广

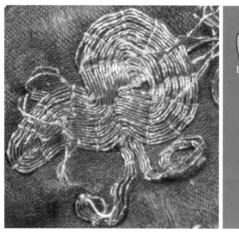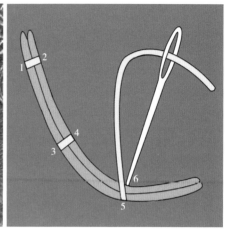

图3-2　盘金绣（"双金"）技艺示意
（江南大学民间服饰传习馆藏品）

（图3-2）。盘金绣常与其他刺绣技法，如平绣、打籽绣等结合使用，用来刻画纹样的轮廓边缘之处，极大地增添和丰富了装饰艺术的层次感。由于盘金绣需要特制的金线，装饰成本较高，因此这种技艺在民间贫苦百姓所穿的足服上十分罕见，一般多用在大户人家或者一些隆重场合穿用的足服上，如一些制作精美的"三寸金莲"弓鞋。

（三）打籽绣技艺

打籽绣是中国传统刺绣技法之一，绣时针从织物背面向正面刺上来后，将针尖在绣线底脚卷上几转（多为一、二、三转，转数越多，打籽越大），绕成粒状小圈，所谓"打籽"，也称"环籽""打疙瘩"和"结子"等（图3-3）。区别于平绣技艺以线铺排成面的造型方式，打籽绣则以点的形式铺排成面，绣好后的纹样由无数的小圆点组成，装饰的立体感颇强，常用来表现一些花卉的花蕊以及虫鸟鱼兽的眼睛等。此外，民间打籽绣在选线上不拘一格，除了丝线外，棉线、绒线等也常选用，且鲜有劈分，再加上打籽绣独特的"打结"构造，使其具有坚固耐磨的优良实用性能。

（四）割绒绣技艺

割绒绣，又称"纳绣割绒"，是一种专门用在民间鞋垫上的装饰技艺。割绒绣通过纳绣和割绒两步工艺，将鞋垫制成一双纹样天然对称但方向相对的立绒绣品，是极富齐鲁文化地域特色的刺绣技艺，属于北方鞋垫代表性刺绣技艺之一。其中纳绣，又称"对针绣"，其工艺与鞋底纳线类似，将带着棉线的纳底针从鞋垫的一面垂直穿到另一面，运针方向不偏不倚；割绒则是用锋利的刀刃把纳绣好的鞋垫从中间割开，得到两只完全对称、同花色不同方向的鞋垫（图3-4）。割绒鞋垫不同于平绣的写实细腻，其视觉风格古朴、粗犷，多应用于构图简练写意的植物类单独纹样和对比强烈、风格艳丽的色彩搭配设计。

 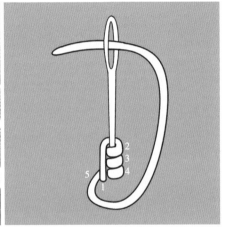

图3-3 打籽绣（"三转"）技艺示意
（江南大学民间服饰传习馆藏品）

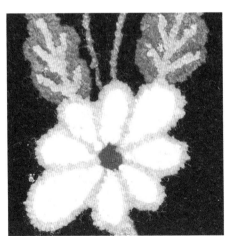 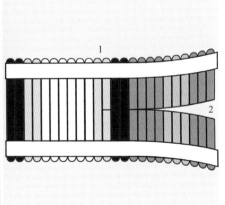

图3-4 纳绣割绒技艺示意
（江南大学民间服饰传习馆藏品）

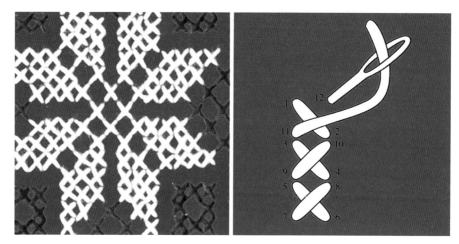

图3-5　桃花绣（十字挑花）技艺示意
（江南大学民间服饰传习馆藏品）

（五）挑花绣技艺

挑花又称"穿纱""架纱"，有十字挑和平挑两种针法，针脚呈"×"字形的为十字挑，针脚呈"-"字形的为平挑，两种都需要严格按照纱眼数好针数进行挑针。其中十字挑是北方汉族挑花鞋垫中占比最高的针法，如图3-5所示，在红色鞋垫平面上依照纱眼用白色（或黑色）绣花线逐眼扣上十字形，以无数个"点状"单元，形成线条和平面。挑花一般不先起样，只凭刺绣者构思在布面上数纱挑针，正看反挑。挑花绣纹样则以菱形等几何类抽象纹样为主，构图规整、严谨、色调明丽、饱满，刺绣性强，具有耐用、朴实、秀美的艺术特性。

（六）其他刺绣技艺

除了上述的刺绣技艺，民间足服还有很多其他刺绣技艺，如滚针绣、锁绣、珠绣、辫绣（图3-6）等。滚针绣也称"曲针绣"，引线后从绣面上逆绣一斜针，针从前上穿出绣面，再逆针至前斜针中部扎下、针脚藏于线下，依次行针即成曲线或直线，适合勾勒蝴蝶等昆虫的须发、柳树枝叶等细长的纹样；锁绣则由绣线环圈锁套而成，因纹饰效果类似一根锁链而得名，在民间足服中同样经常用来表现具有线性特征的装饰纹样；珠绣，顾名思义是一种"以珠代线"进行刺绣的装饰技艺，如图3-7所示，具有珠光绚烂、多姿多彩的装饰艺术效果。

图3-6　足服上的辫绣装饰技艺
（江南大学民间服饰传习馆藏品）

图3-7　足服上的珠绣装饰技艺
（江南大学民间服饰传习馆藏品）

二、镶绲装饰技艺

镶绲是绲边和镶边两种技艺的合称，由于二者的造型及技艺近似，民间常将镶和绲统称为镶绲，是足服脚口、鞋垫四周等边缘装饰的主要技艺。

绲边也称"包边"，其技艺是用一定宽度的斜丝布条（丝缕方向多为45°）熨烫后扣缝在织物边缘，原本是出于包裹缝头、避免抽丝的实用考虑，但后来发展成为具有一定装饰性能的独特技法。这种装饰主要表现在两个方面（图3-8）：一个是绲边的颜色，一般绲边的颜色与帮面主体颜色不同，且通常是对比色的搭配形式；二是绲边的宽度，绲边（图3-7）按照宽窄分有阔绲（绲边宽度在1厘米以上）、狭绲（也称"窄绲"，绲边宽度在0.3~1厘米）和细香绲（绲边宽度在0.2厘米左右）等，以适用不同足服造型及材料的整体装饰面貌。此外，还有将双层或多层绲边叠加起来的多层绲边技艺，适合用在体量较大的上衣、下裳及云肩等的上面，在体量较小的足服上则鲜有采用。

（a）阔绲

（b）狭绲

图3-8　绲边装饰技艺
（江南大学民间服饰传习馆藏品）

镶就是通常所指的镶边及镶条，与绲边一样首先具有包裹缝份，提高足服使用寿命的实用功能；其次也是适用在足服边缘部位的装饰。镶边一般较宽，多在2厘米以上，从镶边的位置和工艺上细分为拼镶、嵌镶和夹镶三种形式（图3-9）。拼镶是用在足服脚口的镶边，多应用在鞋帮较高的足服造型上，如高帮弓鞋等；嵌镶用在足服帮面中间的镶边，即离鞋口有一定的距离，在民间足服中较少使用；夹镶则是指夹在缝份上的镶边，这种形式与绲边中的阔绲很容易混淆。经过对大量实物的对比考证，笔者以为可以从两个方面进行区别，一是夹镶的宽度（从外面看）多在2厘米以上，一般比阔绲宽；二是夹镶的鞋里宽度与鞋外一样，且将鞋里料包缝起来，即里外是一致的。

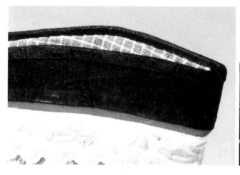

（a）拼镶　　　　　　　　　　　　　　　　（b）夹镶

图3-9　镶边装饰技艺

（江南大学民间服饰传习馆藏品）

三、贴边装饰技艺

贴边，是指不经过镶、拼等扣缝技艺，利用藏针缝制或者糨糊粘贴等将具有一定宽度的花布带直接贴附在足服面料表面上的一种工艺。如图3-10所示，在民间的高帮、高底等各类足服上基本都有贴边装饰，以在视觉上实现对面积较大的平面的分割，达到装饰的艺术效果，应用非常广泛。如果说绲边、镶边是一种由"用"出发而至"美"，从而达到"美用一体"的装饰技艺的话，那么贴边则是一种单纯为了装饰的装饰技艺。这一点从镶绲的纯色布、贴边的花布选材上也可以体现出来。贴边选用的花布基本是直接织有一定装饰纹样的布带，并且和高底弓鞋的木质跟体一样，这种布带一般不是民间百姓自己所做，多由外边市场上购得。

图3-10　贴边装饰技艺
（江南大学民间服饰传习馆藏品）

四、织造装饰技艺

织造装饰技艺是指在织造足服制作材料（主要是面料）的过程中即完成了纹样的装饰技艺，主要有织锦和编织两种类型。织锦是色织物的一种，是用染好颜色的彩色经纬线，在织机上经提花、织造工艺织出图案的织物（图3-11）。织锦用料考究，织造精细，图案精美。编织装饰技艺，即是指在编织鞋身的过程中产生的美化作用，主要有三种形式：首先是编织物本身特有的材料质感和组织结构所呈现出的凹凸、错落的立体装饰感；其次是为了进一步的装饰，还可以在设计编织出诸如菱形纹、十字纹、人字纹、梅花纹等直接的装饰纹样；最后，也可以将丝线、棉线或绒线等其他材料按一定的技术和规律编织进来，织造出内容更加丰富的装饰纹样（图3-12）。

图3-11　织锦装饰技艺　　　　　　　图3-12　编织装饰技艺
（江南大学民间服饰传习馆藏品）　　（江南大学民间服饰传习馆藏品）

五、其他装饰技艺

在民间足服上，除了上述的装饰技艺外，还有一些其他装饰技艺，如手绘（图3-13）、印染等。手绘是利用染料直接在织物表面作画的装饰技法，在一些足服上有见到，多与刺绣技艺结合使用，但是较为罕见；民间足服上的印染装饰技艺，据笔者田野调研判断，应是人们在做鞋的时候有意或无意地选取一些已经印染好的布料，如蓝印花布、彩印花布、夹缬布等作为足服的面料，所做的鞋别有一番艺术风味，也不多见。

图3-13　足服上的手绘装饰技艺
（江南大学民间服饰传习馆藏品）

第二节　民间足服的装饰造型艺术

廓形（也写作"廓型"）❶，指物象的外轮廓线，在现代服饰设计理论中是服饰款式造型的第一视觉要素。因此，要考察足服的装饰艺术，尤其是视觉层面的，廓形是不可绕过的一个艺术分析视角。其实对于足服廓形的关注和审美并非笔者首创，古已有之，如清代李斗在其《扬州画舫录·小秦淮录》中论道："女鞋以香樟木为高底，在外为外高底，有杏叶、莲子、荷花诸式；在里者为里高底，谓之道士冠，平底谓之底儿香。"❷他将弓鞋的鞋底底形依据植物的形态分为杏叶形、莲子形、荷花形，现在来看，这是一种对足服廓形的专业的物态表示。因此，笔者拟针对民间足服的廓形，细分为鞋底底形、鞋身侧形，从艺术和审美的角度进行解读。

---

❶ 关于"形"与"型"字的区别，二者在都表示形式、造型的前提下，"形"更侧重形态，"型"更侧重分类。考虑到本章是对足服装饰从视觉层面的艺术分析，更关注形态方面，所以这里的"廓形"取"形"字。

❷ 李斗.扬州画舫录[M].周春东，注.济南：山东友谊出版社，2001.

一、鞋底底形的分类及"迁想"艺术

鞋底底形指仰视视角下的鞋底廓形，换个视角，也可以理解为鞋底踩在平面上留下来的廓形。

（一）按几何形态粗分

按几何形态对民间足服鞋底底形进行粗略分类，主要有三角底形、长方底形和梯底形三种廓形（图3-14）。传统缠足妇女穿用的弓鞋，依托于弓足缠"尖"的造型特点，弓鞋的鞋头多呈尖锐状，因此这种弓鞋的鞋底底形必然是呈现三角形的廓形，并且是锐角三角形。这种鞋头尖锐的弓鞋是缠足习俗发展鼎盛时期的产物，也是妇女缠足时期的弓鞋形制。妇女缠足初期所穿的足服，包括清末以后出现的形态介于弓鞋与天足鞋之间，它们的鞋底底形同样介于弓鞋与天足鞋之间，鞋头虽然没有天足鞋那么宽大，也不似弓鞋那么尖锐，因此呈现鞋头窄后跟宽的梯形廓形。近代出现的天足鞋以及传统的男鞋底形，与天然的裸足一样，即前掌宽大，后跟较窄，因此多成前后对等的长方形或者前宽后窄的倒梯形，且其中长方形较少见，只见于一些女鞋中。

（a）三角底形　（b）长方底形　（c）倒梯底形　（d）梯底形

图3-14　鞋底底形几何形态提炼

（二）按自然物态细分

在对足服鞋底底形进行了粗分之后，换一种思路，即以李斗对弓鞋底形的物态分析方式，在自然物态的视角下对鞋底底形进一步分类，使得分类更加具体、生动，更加具有美的意义。如图3-15所示，所分品类主要有柳叶底形、荷花底形、水滴底形、卵底形、葫芦底形和花生底形等。值得一提的是，柳叶底形、荷花底形、水滴底形、卵底形和葫芦底形都是针对缠足弓鞋的，

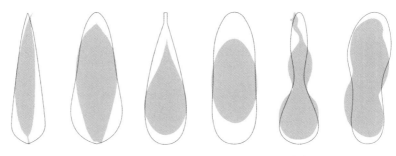

（a）柳叶底形　（b）荷花底形　（c）水滴底形　（d）卵底形　（e）葫芦底形　（f）花生底形

图3.15　自然物态视角下的鞋底底形

只有花生底形以天足鞋和男鞋为主。之所以说按自然物态比按几何形分类更加细致，主要是划分品类变得丰富了，鞋底底形的一些细微之处得以体现，如图3-15中的柳叶底形和荷花底形，按照几何的分类方法都属三角底形，但是仔细观察可以发现，此类弓鞋的后跟处有明显尖角的状态，虽然不够尖锐，但也非圆弧状，所以用叶根带尖柳叶和花根带尖的荷花形容显得更加贴切。

（三）鞋底底形的"迁想"艺术视读

针对弓鞋底所承载和表达的美学功能还可从设计与欣赏的双重角度看，表现为"形式—意象—情感"模式的审美内涵。结合前文，鞋底底形前尖后尖较窄者即为"杏叶形"鞋底，因其细长的造型也常被称为"柳叶形"鞋底。前尖后尖较宽者为"荷花形"鞋底。此外还有前小圆后大圆的"蚕卵形""葫芦形"鞋底和"苹果形"鞋跟等。人们通过"由甲到乙"式的联想将弓鞋底的视觉形态联系到自然界中常见的美好事物，化抽象为具体，创造出诸式生动的意象[1]。从美学观点看，此为"自然美"，以模仿和迁想自然为美。以荷为例，荷花（荷即莲）与缠足及弓鞋的联系最为紧密。古人称缠得小而窄瘦的小脚为"三寸金莲"，称制作精美的弓鞋为"三寸金莲"弓鞋，亦称"莲鞋"。莲花之美，首先美在形态：尖而不刺，线条灵动娇美，曲面弯而不折。保莲女士述，喜莲生撰《采菲新编·缠足概述》载：女性金莲穿上木底弓鞋，其脚印在地上，好像莲花之瓣。认为"莲花形"鞋底似莲瓣一样美妙，移步金莲，妙趣横生。此外，亦有在木制底上镂刻莲花形态并在后跟处设置一精致

---

❶ 张竞琼，李洵，张蕾. 从缠足风俗解析弓鞋装饰设计的形制流变[J]. 艺术百家，2013，29（6）：180.

的小抽屉，在抽屉内盛上香粉，女子行走时香粉滑落，踩出一朵朵又美又香的"莲花"意象。❶

二、鞋之侧形的分类及"视错"艺术

鞋之侧形指从侧面看包括鞋帮、鞋底在内的整个廓形。下面先从鞋之侧形的整体角度来观察廓形艺术，然后针对鞋底侧形展开详细的解读。

（一）鞋之侧形的分类

将鞋之侧形按照几何形态主要分为三角侧形、平行四边侧形、长方侧形、梯侧形、倒梯侧形和"7"字侧形六种类型。三角侧形和平行四边侧形是对低帮弓鞋侧形的总结归纳；长方侧形和梯侧形是对高帮和高筒弓鞋的概括；如图3-16所示，其中图3-16（e）的绘图标本来自江南地区的天足鞋，民间的天足鞋基本都是这种"上窄下宽"的梯形。当然这种天足鞋必须是浅口、低帮的造型，高帮形制，即高帮靴形则是属于"7"字形。

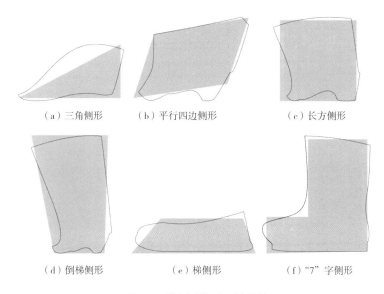

（a）三角侧形　　　（b）平行四边侧形　　　（c）长方侧形

（d）倒梯侧形　　　（e）梯侧形　　　（f）"7"字侧形

图3-16　鞋之侧形几何形态提炼

❶ 王志成，崔荣荣.民间弓鞋底的造型及功能考析[J].艺术设计研究，2017（3）；51.

（二）鞋底侧形的分类

鞋底侧形指侧视鞋底而呈现的形状。不管鞋底的长度、肥瘦或圆尖情况如何，鞋底侧形是确定足服造型的重要基础。从鞋底侧形外观视觉的横向角度看，如前所述，鞋底侧形分为高底、低底、平底和无底四种，如图3-17（a）、图3-17（b）所示侧形属典型的高跟品类，跟高大于等于4厘米。图3-17（a）实物来自清末齐鲁民间，为一双传统"三寸金莲"婚鞋，外观前窄后宽，内底上弓，弧度较小，棱角鲜明，呈烟斗状，是最接近现代女性高跟鞋的弓鞋底侧形造型。图3-17（b）实物为高筒弓鞋底，筒高达21.5厘米，其底侧形类似造型图3-17（a），但廓形更圆润，后跟坡度大，使鞋底触底长度极短，甚至不足三寸，与高筒造型搭配，使弓鞋整体造型上宽下窄，为清末民间缠足风俗发展巅峰时期产物。相较之下，图3-17（c）与图3-17（d）侧形的底高较小些，多介于3~4厘米。图3-17（c）底高3厘米、长9.6厘米，不足三寸；底侧形类似现代制鞋业中坡跟鞋造型，呈楔形的斜坡状，向前的高度逐渐以坡形降低。图3-17（d）亦为有跟弓鞋，跟体侧形前尖后方，弯弓程度大于前三种造型，是低帮弓鞋常见鞋底造型，且此鞋尖多呈下落之势。图3-17（e）、图3-17（f）则属低底弓鞋。图3-17（e）上弓程度较大，有明显弯折痕迹，鞋尖下落；图3-17（f）跟体较低，非木制，为棉制，鞋底微微上弓，质地坚硬牢固，常见于近代弓鞋传世物，然选样标本底长达19.3厘米，实属罕见。图3-17（g）是平底形制，无任何弯弓势态，是平底弓鞋、放足鞋、天足鞋以及男鞋和童鞋等的主要造型。

此外，从历史的纵向角度单看弓鞋鞋底侧形，据姚灵犀《采菲录》考证，图3-17（a）多属19世纪五六十年代（清咸丰年间）江南地区样式。图3-17

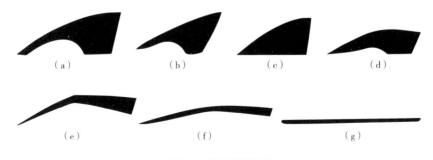

图3-17　鞋底侧形提炼

（b）、图3-17（c）、图3-17（d）多属19世纪70~90年代样式。图3-17（e）、图3-17（f）多属19世纪末20世纪初北方民间样式。随着辛亥革命之后放足运动的全面展开，弓鞋造型开始向放足鞋演变，集中表现在鞋底长度变长、弓度变缓和厚度变薄。因此图3-17（g）应为20世纪二三十年代（民国时期）及以后民间弓鞋样式。[1]

（三）鞋之侧形的"视错"艺术视读

将鞋底（高底）放在弓鞋整体形象中观察，会发现明显的现象视错觉"形式美"，即视错。在古代缠足文化的审美取向中，小为贵，缠足时人们穷尽缠裹之能事，每寸必争，力求弓足长度能够控制在五寸、四寸甚至三寸之内，越小越贵、越小越美，使得小脚呈现小巧动人的美态。作为缠裹之后的表现形式，弓鞋的设计如果能够使金莲"变小"，即是美的表达，所展现的形态即是美的形态，即使这种"变小"只是视觉层面的错觉。对于这种错觉，清初学者刘廷玑（永历七年生）称："鞋之后跟，铲木圆小垫高，名曰高底。令足尖自高而下着地，愈显弓小。"此外，清代的李渔在《闲情偶寄》中也详细论述了这种错觉："鞋用高底，使小者愈小，瘦者愈瘦，可谓制之尽美又尽善者矣……有之则大者亦小、无之则小者亦大。尝有三寸无底之足，与四五寸有底之鞋同立一处，反觉四五寸之小，而三寸之大者。"[2]弓鞋加上高底之后，给时人带来了一

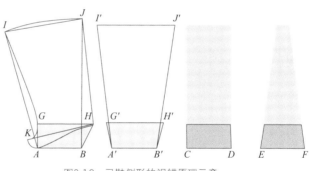

图3-18　弓鞋侧形的视错原理示意

种新的视觉乐趣。如图3-18所示，内底曲线KH对应弓足长度，线段KH为鞋面的直线长度，这种"由曲到直"的转变首先缓解了弓足的长度；其次，H点到B点的坡度设置与KA的上翘进一步"缩短"了弓足的长度；最后就是实际长度相等的AB、CD、EF三条线段受所在平面附近环境影响给人以"AB＜CD＜EF"

---

❶ 王志成，崔荣荣. 民间弓鞋底的造型及功能考析[J]. 艺术设计研究，2017（3）：47–48.
❷ 李渔. 闲情偶寄[M]. 江巨荣，卢寿荣，校注. 上海：上海古籍出版社，2000.

的视觉认知，并且这种感知由鞋底侧面转到整个鞋之侧面时，随着周围环境面积增大，尤为明显。同样的道理，如果从弓鞋前后方观察鞋之形态，也会得到"上大下小"的视觉形态，进而产生弓鞋"瘦小"的艺术审美效果。

第三节　民间足服的装饰纹样艺术

勤劳的汉族人常常喜欢在足服上绣印各种漂亮的纹样，心灵手巧的民间女子总是采用各种技艺，如刺绣等，在足服上装饰出多姿多彩的视觉效果。她们以此来展现自身的女红才能，在修饰了足服物件的同时，也博得了他人的认可和社会的尊重，民间文化也由此得到拓展。

一、足服上纹样的装饰位置

在民间足服纹样装饰中，不同的装饰部位可以塑造出不同的艺术效果。这些装饰位置的设置既满足了人的穿着舒适性，协调了足服与其他服饰的搭配，更提供了足服视觉上的审美性，体现出传统足服的纹样装饰对其位置的"用心"经营。根据人体脚型特点与足服造型，足服装饰纹样的经营位置主要在足服前帮、鞋底和鞋垫饰品三大区域。

（一）前帮装饰

足服前帮指的是鞋帮面的前部，从前脚窝（脚窝为脚底中部凹陷的部分）到脚趾部位的帮面。在足服的造型中，通常前帮是最醒目的位置，具有强烈的直观性[1]。前帮是足服装饰最重要、最频繁的部位，尤其是妇女的浅口鞋。从现有传统汉族民间足服资料，包括传世实物和文献资料来看，几乎所有的足服帮面装饰都设置在前帮上。另外，从服饰搭配的角度来看，妇女下身常穿的各种裙裤大多长及地面，足服常常被裙摆和裤脚遮掩起来，不容易显露于外，只有在行走时鞋尖能够随着步伐的节奏伸探出来。因此，在前帮鞋面

---

[1] 罗向东. 鞋靴装饰设计[M]. 北京：中国轻工业出版社，2016.

设置装饰精美的纹样，十分吸引观者的视线，很好地实现了纹样美的展示和观赏。如图3-19所示，足服前帮装饰部位主要有三种形式，一种是集中在鞋头部位[图3-19（a）]；一种是由鞋头延伸到鞋帮处脚窝对应的位置[图3-19（b）]；还有一种是延伸到鞋后帮[图3-19（c）]，根据具体装饰纹样的造型特点及体量大小而定，一般主要集中在鞋头部位。

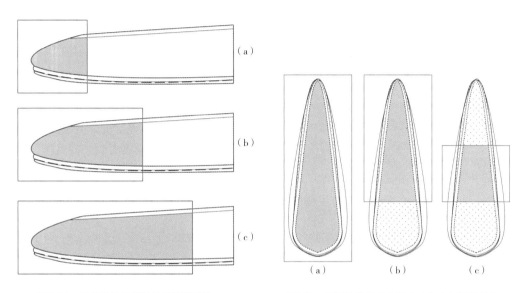

图3-19　足服装饰纹样的前帮经营部位　　　　图3-20　足服装饰纹样的鞋底（外底）经营部位

（二）鞋底（外底）装饰

同鞋帮一样，足服底部（多为外底）也常有装饰纹样，通过其纹样的艺术修饰呈现出美学功能。创作素材多为荷花、葡萄等植物花卉瓜果类和蝴蝶、鱼等动物类纹样，亦有由动植物构成的组合纹样，如"蝶恋花""鱼戏莲"等。在鞋底设置纹样装饰的一般是女鞋，如图3-20所示，纹样主要有三类经营部位。图3-20（a）的类鞋底是满绣装饰纹样，为室内穿着的功能鞋，以审美功能为主，实用功能为辅，穿上这种鞋，妇女在室内或床榻上盘坐时鞋底能够显露出来，因功能鞋底对耐磨性要求不高，故通常不纳线。图3-20（b）和图3-20（c）的鞋底仅在鞋头或者中间设置固定区域的装饰纹样，剩余部分纳线（也有不纳的），此鞋可室外穿着，但亦非劳作所用，其底的耐磨性介于装饰性功能鞋和实用性功能鞋之间。

（三）鞋垫（内底）装饰

鞋垫是足服饰品中纹样装饰最丰富的一块"阵地"，从江南大学民间服饰传习馆藏品来看，几乎很少见到没有任何纹样装饰的鞋垫。鞋垫从多样化的装饰技艺到对称性的构图布局、对比统一的色彩搭配，再到装饰题材的主题，形成了一套成熟、完备的装饰艺术体系。但是其纹样的经营位置从馆藏实物来看却显得十分"单一"，如图3-21所示，几乎所有的纹样都"适合"在鞋垫的廓形之内，在有限的平面上追求最大限度的充实，只有一双来自中原地区的刺绣纹样设置在鞋垫中间的一块方形中。

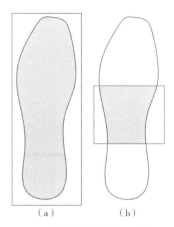

（a）　　　　（b）

图3-21　鞋垫装饰纹样的经营位置

二、足服上的植物类装饰纹样

汉族民间足服上的常见植物花草类装饰纹样有牡丹、荷花、梅花、兰花、竹子、菊花以及一些无名花草等。

（一）牡丹纹样

牡丹花又名"富贵花"，雍容华贵，国色天香，它是富贵的象征，美丽的化身，被尊为"花王""国花"。在民间足服上的植物类装饰纹样中，牡丹纹样出现的比例十分之高，因此在纹样装饰中，它也是名副其实的"花王"。历史上不少诗人为它赋诗赞美，如唐诗赞它"佳名唤作百花王"，又宋文《爱莲说》中写有"牡丹，花之富贵者也"，许多名句流传至今。"百花之王""富贵花"也因此成了赞美牡丹的别号。唐朝人最喜爱牡丹，曾在牡丹花开季节，举行牡丹盛会，长安人倾城而出，如醉似狂。以牡丹花为主调的吉祥图案具有浓郁的中华民族特色，如图3-22所示足服上的各种形态的牡丹装饰纹样，盛开的牡丹花纹样造型或写实或写意，富有层次感，色彩鲜艳，配色自然，形态雍容华贵，运用在足服上从气质上给人以富贵之感，同样表达了主人期盼富裕美满生活的愿望。

在封建社会，普通民众无时无刻不在祈盼着自己能够富裕起来，追求吃

图3-22　足服上的牡丹装饰纹样
（江南大学民间服饰传习馆藏品）

穿不愁的生活可以说是人类与生俱来的本性。几千年来，一代又一代中国人在追求美好生活的征途上，历经苦难，直到今天依旧如此。牡丹，代表着人们追求美好生活的心理写照，虽然只是指向意义，但这种潜意识一直根植在我国民间血脉中。

（二）荷花纹样

荷花是高洁品格的代表，更是佛教神圣净洁的象征。人们都好以荷花"出淤泥而不染，濯清涟而不妖"的高尚品质作为激励自己洁身自好的座右铭。荷花花叶清秀，花香四溢，沁人肺腑，有迎骄阳而不惧，出淤泥而不染的气质，所以荷花在人们心目中是真善美的化身，吉祥丰兴的预兆，是佛教中神圣净洁的名物，是道教的圣花，

图3-23　足服上的荷花装饰纹样
（江南大学民间服饰传习馆藏品）

是善和美的象征，也是友谊的种子。以"超凡脱俗"喻"个性象征"，于是进一步上升为吉祥象征符号而广受尊崇。荷花纹样被用于服饰品上，寓纯真

爱情和人寿年丰。如图3-23所示足服上各种生动形象的荷花装饰纹样，包括荷花的花瓣、茎叶、莲子。荷花常与莲藕组合搭配，将本来不可能同时生长的荷花和莲藕进行组合，巧妙地进行了大胆的组合创造，这样便产生了因合（荷）而得偶（藕）的荷花莲藕纹，寓意天赐良缘，别具一番纹样装饰特色。

（三）梅、兰、竹、菊纹样

梅花是汉族民间足服纹样中常见的花卉形态，同时也是民间广为喜爱的"四君子"（梅兰竹菊）之首，它以曲如游龙的线条、坚贞不屈的品格而被人们所喜爱。在严寒中，梅开百花之先，独天下而春，民间服饰上以其五朵花瓣象征其审美形态的"五福捧寿"。五福象征是快乐、幸福、长寿、顺利、和平。民间又一说法是象征"福、禄、寿、喜、财"。这些都是人们寄寓传统的民俗寓意观念的表现❶。梅花的艺术形象既有理性也带有美好的感情色彩，既表现傲雪坚毅的品格，也赞美如仙的形貌。在梅花纹样的具体艺术表现上，民间足服上的梅花装饰纹样，受到足服体积及面积的影响，不同于民间其他服饰品类如褂、袄、坎肩、马面裙等面料上满地的构图形式，足服上的梅花形态基本是由两三朵梅花加上几片叶子和一根枝丫构成，即只能表现出梅花的一个局部。但是这种独特的艺术处理方式反而让梅花纹样显得特别精致，花朵有大有小、有开有合，增添了梅花纹样的艺术表现力和感染力（图3-24）。

中国人历来把兰花看作是高洁典雅的象征，并与"梅、竹、菊"并列，合称"四君子"。通常以"兰章"喻诗文之美，以"兰交"喻友谊之真。也有借兰来表达纯洁的爱情，"气如兰兮长不改，心若兰兮终不移""寻得幽兰报知己，一枝聊赠梦潇湘"。兰花纹样在汉族民间足服上的应用突出表现在缠足弓鞋的鞋帮上面，如图3-25所示，弓鞋中的"柳叶形"弓鞋在鞋头通常都会在帮面两侧装饰一只简约的兰花纹样，左右帮面对称，左右鞋子也对称。需要指出的是，这里兰花的构图十分特别，从所有现有实物来看，几乎所有兰花纹样都会伸出一条细长的叶子，随着"柳叶形"弓鞋的鞋尖一直延伸出去，形成了极具线性美感的装饰趣味。

竹子，虽不粗壮，但却正直，坚韧挺拔；不惧严寒酷暑，万古长青，彰

---

❶ 崔荣荣，魏娜. 民间服饰中梅花形态的文化解析[J]. 装饰，2006（11）：92.

图3-24 足服上的梅花装饰纹样
（江南大学民间服饰传习馆藏品）

图3-25 足服上的兰花装饰纹样
（江南大学民间服饰传习馆藏品）

图3-26 足服上的竹装饰纹样
（江南大学民间服饰传习馆藏品）

图3-27 足服上的菊花装饰纹样
（江南大学民间服饰传习馆藏品）

显气节。竹是君子的化身，是"四君子"中的君子。竹有七德：竹身形挺直，宁折不弯，是曰正直；竹虽有竹节，却不止步，是曰奋进；竹外直中空，襟怀若谷，是曰虚怀；竹有花不开，素面朝天，是曰质朴；竹超然独立，顶天立地，是曰卓尔；竹虽曰卓尔，却不似松，是曰善群；竹载文传世，任劳任怨，是曰担当。因此中国人喜爱竹子，看中竹文化，在足服的纹样设计中也不例外，如图3-26所示，人们将竹竿、竹叶的形态，通过简化、抽象的艺术手法表现在足服上面，构图自然流畅，竹纹样浅黄、嫩绿的自然配色，在深红底色的对比和衬托下显得格外素雅大方。

菊花，古代又名节华、更生、朱赢、金蕊、周盈、延年、阴成等，是我国的传统花卉之一。菊花以其品性的素洁高雅、色彩的绚丽缤纷、风骨的坚贞顽强和意趣的丰富多彩而备受人们青睐。古人又认为菊花能轻身益气，令人长寿，民间称其为"长寿"之花，菊花还被看作花群之中的"隐逸者"，宋朝石延年称赞它："风劲香愈远，天寒色更鲜。秋天习不断，无意学金钱。"故常把菊花喻为君子。菊花纹样应用于足服上素雅大方，如图3-27所示足服上的菊花装饰纹样，刺绣菊花纹样窄长呈浅绿和浅黄相间，色彩青涩自然，茎叶弯曲细长，层层花瓣包裹着花蕊，显得十分圆润饱满，使纹样更具美感。

（四）其他植物纹样

　　民间足服上的植物类装饰纹样，除了上述常见的几种之外，还有一些纹样如葫芦纹样（图3-28）、葡萄纹样（图3-29）、石榴纹样（图3-30）等，同样是人们喜爱表现的纹样类型，它们也都有着一定的文化内涵和民俗寓意。葫芦、葡萄和石榴都是多籽的植物，因此都具有"多子多福"的美好寓意。人们在选取这些造型各异、色彩绚丽的自然形态作为纹样装饰的同时，也表达了对未来美好生活的向往和祝愿。

图3-28　足服上的葫芦装饰纹样
（江南大学民间服饰传习馆藏品）

图3-29　足服上的葡萄装饰纹样
（江南大学民间服饰传习馆藏品）

图3-30　足服上的石榴装饰纹样
（江南大学民间服饰传习馆藏品）

图3-31　足服上的无名花卉装饰纹样
（江南大学民间服饰传习馆藏品）

在中国的传统文化中，花卉纹样代表美丽、吉祥如意和物丰人和。然而民间也有许多叫不出名字的花草装饰纹样（图3-31），它们是民间女子的自由创作，是她们对绣花的审美认知和对自己手艺的自信，表现出自己的心灵手巧、传情达意、美好期望，寄托爱情和祝福。

三、足服上的动物类装饰纹样

汉族民间足服上的动物类纹样同样丰富多彩，寓意吉祥，常见的有老虎、猪、鱼、蝴蝶、龙、凤、喜鹊以及其他动物等形态。

（一）虎等走兽纹样

老虎，作为一种猛兽和古代图腾崇拜物，是猛兽精进、雄强威武的象征。它是兽中之王，镇山之主，古称"山君"或"圣兽"，被我国历代人奉为山神，它黄质黑章，锯牙钩爪，体型庞大，斑斓健美，吼声如雷，百兽镇恐，是威仪、正义与强健的化身。老虎在中国传统文化中扮演过很重要的角色，虎文化不仅在原始图腾中有着丰富的底蕴，各地的民风民俗也离不开虎的形象。老虎本身是自然界的猛兽，它具有凶悍、强悍的自然生态特征。从历史资料看，虎一直是伸张正义的义兽，又极富有人情味，无疑是人们所祈求的能够带来光明的使者。有力量、有气概的人和事物往往与虎联系起来，如虎将、虎士、虎步等。

虎纹样在民间足服中具有丰富多彩的表现样式，赋予日常生活以无限的

乐趣。农历五月初五端午节期间，民间盛行给儿童做布老虎，或者用雄黄在儿童的额头画虎脸，寓意健康、强壮、勇敢。虎形纹样在服装中的表现形式与一般的纹样有所不同，在立体造型中表现老虎纹样是其突出特征。图3-32示出民间足服上造型各异的虎头形态，需要指出的是，民间足服上的虎纹样集中表现在虎头鞋的造型设计上。虎头的颜色以红、黄为主，虎嘴、眉毛、鼻、眼等处采用粗线条勾勒，富有装饰的立体空间感，夸张地表现虎的威猛。

　　除了老虎，出现在汉族民间足服上的走兽纹样还有猪纹样、麒麟纹样（图3-33）、鹿纹样（图3-34）、狮纹样等。

图3-32　足服上的虎头纹样
（江南大学民间服饰传习馆藏品）

图3-33　足服上的麒麟纹样
（钟漫天先生藏品）

图3-34　足服上的梅花鹿纹样
（江南大学民间服饰传习馆藏品）

（二）鱼纹

　　在中华民族民间服饰中，以"鱼"的形象和造型为装饰的纹样和配饰物颇多，鱼纹样是深受人们喜爱的一种代表吉祥、喜庆的纹样和装饰物。鱼纹样是中国传统吉祥文化的重要组成部分，含有富贵（金玉满堂）、喜庆（吉庆有余）、仕途（鱼跃龙门）和美满幸福（双鱼送喜）的寓意，体现在我国民俗文

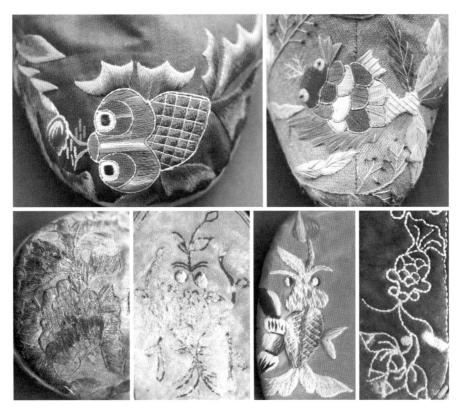

图3-35　足服上的鱼纹
（江南大学民间服饰传习馆藏品）

化成果的诸多方面。❶鱼纹样是民间足服上最常见的动物纹样之一，广泛地应用在鞋头、鞋底和鞋垫等足服的各个位置和各类足服饰品上（图3-35）。

（三）蝴蝶纹样

蝴蝶以其身美、形美、色美、情美被人们欣赏与咏诵；被人们誉为"会飞的花朵""虫国的佳丽"，是一种高雅文化的表现及美丽的化身，可令人体会到大自然的赏心悦目。中国传统文学常把双飞的蝴蝶作为自由恋爱的象征，这表明人们对自由爱情的向往与追求，著名爱情剧《梁祝》就是以男女主人公化蝶为爱情悲剧的结尾。蝴蝶纹样在民间足服中十分常见，但是单独出现

❶ 常丽霞，高卫东. 鱼形图案在我国民族服饰中的文化寓意[J]. 纺织学报，2009，30（9）：106.

的情况并不多见，如图3-36所示是民间足服中少见的两双足服上单独出现的蝴蝶纹样。在绝大多数的情况下，蝴蝶纹样都是与其他纹样，尤其是牡丹、荷花等花卉纹样组合起来，以组合纹样的形式一起呈现。

图3-36　足服上的蝴蝶纹样
（江南大学民间服饰传习馆藏品）

（四）凤纹

凤纹是中国具有代表性的传统装饰纹样，在我国具有悠久的历史和广泛的情感认同。大到屋舍宫宁，小到裙边针脚缝隙间，凤纹在中国人的日常生活中无处不在。经过漫长的发展，凤纹逐渐成为各种鸟禽优美特征的集合体，成为具有中国特色的艺术纹样。凤纹在民间足服上的表现形态比较多变，整体造型纤细，冠、翅、尾是凤的主要表现部位，其长度、弯曲程度、形状不固定，有时尾部呈羽毛状，有时呈藤蔓枝叶状，总体上简练灵动、舒张自如（图3-37）。❶

除上述的动物纹样外，一些其他动物纹样也常被用于服饰品上，如龙（图3-38、图3-39）、狗、兔、猫、青蛙、蝙蝠等，它们都是民间女性或手工艺人对生活美好愿景的具化体现。

图3-37　足服上的凤纹
（江南大学民间服饰传习馆藏品）

---

❶ 胡秋萍，崔荣荣. 服饰凤纹的历史与文化底蕴[J]. 新闻爱好者，2010：150.

图3-38　足服上的龙纹　　　　　　　　　图3-39　足服上的龙纹
（江南大学民间服饰传习馆藏品）　　　　（加拿大纺织品博物馆藏品）

四、足服上的器物类装饰纹样

"器物"二字是对各种民间用具的统称。"器"被用来指代各种具有盛放功能的实用器具。"物"有万物之意，可分为自然物与人造物。按照器物的用途，可将服饰纹样中的器物分为实用型器物、节庆器物、欣赏型器物以及比较特殊的宗教器物。实用型器物能够满足人们生活的基本诉求，如钱币、水桶、梳子、剪刀。节庆器物指的是在节日庆典使用的器物，如庆典时常设的花篮，元宵节必挂的彩灯。欣赏型器物是必需品以外的追加，如博古雅器、文房四宝、瓶花，它们往往映射着使用者或慕古怀旧，或出尘脱俗，或趋利避邪的精神诉求。宗教器物即与宗教有关的器具，如暗八仙、八宝纹等，部分源自日常生活，部分则出自人们的想象。❶以下是汉族民间足服上常见器物纹样。

（一）铜钱纹

铜钱，其形象外圆内方，铜钱的中央方形是一个贯穿阴阳两面的通孔，预示着要花好钱、做成事，需要两面通达、聚散灵活、不拘一格、随势通变。铜钱纹，即是将铜钱的形态采用刺绣等装饰技艺直接表现在足服上的纹样，在汉族民间足服上十分常见，应该是足服上最常见的器物纹样了。从表现的空间来看，铜钱纹集中表现在天足鞋的鞋底上（图3-40）。

---

❶ 张燕芬. 明清服饰之器物纹样研究[D]. 无锡：江南大学，2012：56.

图3-40　足服上的铜钱纹
（江南大学民间服饰传习馆藏品）

（二）"暗八仙"纹样

"八仙过海"在我国民间家喻户晓，是民间人士常常崇拜的对象。暗八仙又称为"道家八宝"，指的是八仙所持的法器，由于是以法器暗指仙人，所以称为暗八仙，这八种法器分别是葫芦、团扇、渔鼓、宝剑、莲花、花篮、横笛和阴阳板，代表了中国道家追求的精神境界，承载了人们对美好生活的向往。"暗八仙"图案被广泛地应用于民间服饰中表现"趋吉避凶"的寄托，也常用于足服上，常见的有葫芦纹样（图3-41）、阴阳板纹样（图3-42）和横笛纹样（图3-43）等。

（三）八宝纹

八宝是佛教纹样，又名"八吉祥""八瑞相"，由法轮、法螺、宝伞、白盖、莲花、宝罐、金鱼和盘肠组成，含有佛法无边、普度众生、吉祥如意的寓意。佛家八宝与暗八仙相同，最初都只是运用在宗教场所的装饰之中，随着佛教文化与汉文化的不断融合，这种八宝图案才逐渐被民间足服采用，常见的有法螺纹（图3-44）、盘肠纹（图3-45），其中盘肠纹寓意深刻。盘肠位居第八位，排列在"八吉祥"的最后，其重要性恰如中国民间俗语"编筐编

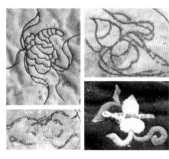

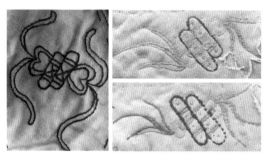

图3-41　足服上的葫芦纹样
（江南大学民间服饰传习馆藏品）

图3-42　足服上的阴阳板纹样
（江南大学民间服饰传习馆藏品）

图3-43　足服上的横笛纹样
（江南大学民间服饰传习馆藏品）

图3-44　足服上的法螺纹样
（江南大学民间服饰传习馆藏品）

图3-45　足服上的盘肠纹样
（江南大学民间服饰传习馆藏品）

篓全在收口"，人们常将盘肠作为"八吉祥"的代表。盘肠纹为规则的穿插、
盘缠连接，纹样无头无尾，无终无止。寓意诸事顺利、恒长永久、连绵不断，
十分恰当地反映出中国人民的吉祥观与世界观。

五、足服上的文字几何类装饰纹样

（一）文字纹样

文字纹样在民间足服上比较常见，常见的字有"喜"字（图3-46）、
"寿"字（图3-47）等。除此以外，文字纹样则主要集中在鞋垫当中，如
图3-48所示，直接将"祝你快乐""步步登高""永保平安"以行书的形式
设置成独特的鞋垫刺绣纹样。其他具有吉祥寓意的文字都在题材选择之
内，并且多为四字。如此设计，一是因为四字读起来朗朗上口，二是四字
排列的纹样正好能够撑满一只鞋垫。值得注意的是，在所有形态的纹样
中，文字类的刺绣性是最弱的，因为人们选取文字，更多的是出于对文字

图3-46　足服上的"喜"字纹样
（江南大学民间服饰传习馆藏品）

图3-47　足服上的"寿"字纹样
（江南大学民间服饰传习馆藏品）

图3-48　鞋垫上的文字纹样

语义的关注和考量。这与传统民间主服的纹样设计不同，上衣下裳很少直接选取不经抽象变形的文字类纹样作为刺绣。这归因于鞋垫藏在鞋内、垫在脚下所显露的隐蔽性。

（二）几何纹样

几何纹样主要表现在鞋底和鞋垫上面。图3-49示出汉族鞋垫中几何类抽象纹样的组成单位，主要由正方形、菱形构成，并通过四方连续的方式，填满鞋垫的表面。

图3-49　足服上的抽象纹样单元

常见的纹样单元（骨架）有"菱形架""田子架""回字架"等形式。抽象纹样利用线条的粗细，点、线、面的结合，平面构成的重复、图与地的交错等来获取视觉上的丰富感。不同于其他纹样较强的写实风格，抽象类纹样表现出了较高的设计感与现代艺术感。

六、足服上的组合装饰纹样

在汉民族民间服饰中，纹样多以各类元素组合形式出现，较为常见的图案有"三多纹""蝶恋花""凤戏牡丹""喜鹊登梅""麒麟送子""鱼戏莲""鱼穿莲""莲生贵子"等。

（一）"蝶恋花"组合纹样

"蝶恋花"常被用于寓意甜美的爱情和美满幸福的婚姻，是人们追求至善至美的体现。相传古时有一家年轻的白姓和蔡姓夫妻是当地首富，旺年得女，如掌上明珠，起名白蝶，女儿出落的亭亭玉立。邻家有一位花哥，姓花名悟乾，靠手艺生活，家境贫寒，和白蝶两人青梅竹马。白蝶长大后，常有媒婆求亲，但因女儿太优秀，始终无一人可与之相配。而此时白蝶与花悟乾两人就在白家父母并不知情的情况下恋爱了，无疑得到了坚决的反对，最后被棒打鸳鸯各奔东西，眼看相知不相依，唯有殉情抗亲命，同赴阴间共朝夕，生生拆散了一对恋人。白家父母也因忧郁成疾了却终生。后来，白蝶化为蝴蝶，花悟乾就成了朵朵鲜花，白蔡夫妻就成了白菜，蝴蝶在白菜中成虫化蛹，长大后就在花儿周围飞舞，这就是蝶恋花的传说。因此"蝶恋花"纹样被人们广泛地接受和喜爱，并应用在足服上，动静结合的组合增添了足服纹样装饰的趣味与活力（图3-50）。

图3-50　足服上的"蝶恋花"纹样
（江南大学民间服饰传习馆藏品）

（二）喜鹊组合纹样

"喜鹊登梅"组合纹样，是用梅花和喜鹊来构成固定的组合。喜鹊立于开

图3-51　足服上的喜鹊组合纹样
（江南大学民间服饰传习馆藏品）

满梅花的枝梢之上，用喜鹊来表示现实生活中的喜事好事，用梅梢进行一种同音字的借用，代替眉梢两个字，表示喜上眉梢，传达好运将要降临，表现劳动人民对幸福生活的美好向往。民间也有传说，七夕那天人间所有的喜鹊会飞上天河，搭起一条鹊桥让牛郎和织女相见。因此喜鹊登梅不仅寓意吉祥、喜庆、好运的到来，还是爱情的象征。图3-51的鞋面和鞋垫上绣有一只或一对喜鹊立于梅花枝上，向下或者向上探视，十分生动。写实的造型艺术，色彩丰富、画面饱满，充满趣味。

（三）"凤戏牡丹"组合纹样

凤纹作为中国代表性的传统纹样，在不同的历史时期产生了不同的社会内涵和审美习惯。在民间情感中，凤纹与种种情感传说相关，寄托了人们对爱情、美好生活的向往。民间为表达爱情和幸福主题，绣凤成为司空见惯的形式，给民间带来生活幸福和美满的希望，故而民间大众也赋予了凤丰富多彩的形象和内容。凤纹以多变的形态，吉祥的寓意，成为服饰装饰中不可缺少的纹样，也是婚姻爱情的象征。人们凭想象使用双凤与牡丹或者单凤与牡丹等图案，这些"凤戏牡丹"和"凤穿牡丹"的组合纹样在民间广为流传，在绣花鞋、鞋垫上得到了普遍的使用（图3-52、图3-53）。

图3-52 足服上的"凤戏牡丹"纹样
（江南大学民间服饰传习馆藏品）

图3-53 足服上的凤与其他花卉组合装饰纹样
（江南大学民间服饰传习馆藏品）

（四）"鱼戏莲"组合纹样

在"鱼戏莲""鱼穿莲""莲生贵子"等组合纹样中，莲代表女性，鱼代表男性，其实就是象征男女爱情的故事。闻一多先生在《说鱼》一文中这样说："这里鱼喻男，莲喻女，说莲与鱼戏，实等于说男与女戏。"如图3-54所示，鱼儿嬉戏于莲叶之间，悠闲自在，十分惬意，画面丰富饱满。

图3-54 足服上的"鱼戏莲"装饰纹样
（江南大学民间服饰传习馆藏品）

（五）文字类组合纹样

文字与植物、动物的组合纹样也是主要表现在鞋垫上，并且是汉族民间鞋垫上常见的纹样组合形式，如图3-55所示"前程似锦"与梅花、"喜鹊"与"平安"（鹊报平安）、"永结同心"与"蝶恋花"。这种组合形式选取的题材最为丰富，将植物花卉、动物飞鸟与文字组合在一起，

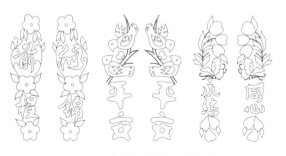

图3-55 鞋垫上的文字组合纹样

既丰富了植物类纹样的内涵，又增添了文字类纹样的审美特性，是北方鞋垫刺绣纹样设计的一大特色。

此外，鞋垫上装饰纹样的构图颇有特色。鞋垫都是成双成对的，每只鞋垫的刺绣纹样都是按照严谨的形式构成的。北方汉族鞋垫的纹样构成艺术表现出两只鞋垫之间以"绝对对称为主，相对对称为辅"的对称（轴对称）艺术特性。绝对对称也称"完全对称"，指两只鞋垫的纹样构成完全相同，如以割绒工艺制作的一分为二的鞋垫，其纹样即是绝对对称的。从现有实物来看，绝大多数鞋垫都遵循着绝对对称的原则，只有一类例外，即文字类组合纹样，其以四个文字与其他纹样组合的形式即是相对对称的构图模式。如图3-55所示"前程似锦"与梅花、"永结同心"与"蝶恋花"组合纹样，其中"前程似锦"和"永结同心"都是将四字拆开，分别设置在两只鞋垫上。但需要强调的是，除了内容不一样外，两边文字的大小、位置都一样，并与完全对称的其余纹样交织在一起，最终形成了相对对称的纹样构成效果。这种在整体"对称"中表现出来的不对称性反而成为鞋垫纹样构成艺术中的一个特色。

（六）其余组合纹样

"鸳鸯戏水"是鸳鸯、莲花、莲藕的搭配组合（图3-56）。鸳鸯是祝福夫妻和谐幸福最好的吉祥物。鸳鸯，水鸟名，羽毛颜色美丽，形状像凫，但比

图3-56　足服上的"鸳鸯戏水"纹样
（江南大学民间服饰传习馆藏品）

凫小，雄的翼上有扇状饰羽，雌雄常在一起。《禽经》载："鸳鸯，朝倚而暮偶，爱其类。"据说鸳鸯成对游弋，夜晚雌雄翼掩合颈相交，若其偶失，永不再配。莲实即莲子，喻连生贵子。因此"鸳鸯戏水"寓意夫妻恩爱，多子多福，白头偕老。

综上所述，民间足服上的装饰纹样，从题材来看，大多是直接或间接来源于对自然界各种生物的形象模拟或抽象概括，如对花鸟鱼虫、飞禽走兽的刻画等，通过模仿、转换、联想、组合夸张、类比等艺术手段，运用织、染、印、绣、贴等民间手工艺将它们表现出来。需要指出的是，这不是一种简单地模拟自然物象的行为，民间足服上的装饰纹样多以吉祥纹样为主，有传情达意的作用，因此这是一种以舍形取意的方式传达一定的社会文化信息和审美情感，传达人们对于美好生活的追求和向往❶。

第四节 民间足服的装饰色彩艺术

色彩，通过与造型各异、线条优美的装饰纹样结合起来，对足服有着很大的装饰作用，赋予足服一定的装饰效果。俗话说"远看色彩近看花"，在解读足服色彩的第一印象建立过程中，首先引起视觉反应的是足服的主体色彩，即足服主体面料的色彩呈现，其次才是近距离观赏下的色彩搭配艺术，并主要表现在装饰纹样上的色彩搭配。因此，本节首先选取足服主体色彩为研究对象，并以对其影响颇深的传统色彩理论为研究视角，剖析色彩背后所蕴藏中国汉族特有的装饰和审美观，以及博大精深的民族民俗文化。其次，为了更加准确和生动地描述足服上的装饰色彩搭配艺术，引进现代色彩理论对其进行归纳总结、分析和鉴赏，探索其在色彩运用上的对比、渐变等形式美，以全面地展示汉族民间足服丰富的色彩表现及审美表达。

---

❶ 崔荣荣. 汉民族民间服饰[M]. 上海：东华大学出版社，2014.

一、传统色彩理论视角下足服主体色彩艺术

（一）中国传统色彩理论

中国古代的色彩理论多来源于人类对自然界生态现象的深刻认识，以及对自然色彩的模仿和归纳总结。在此基础上，古代汉族人民将其对色彩的认识与传统"五行"哲学相联系，形成了极具东方韵味的"五行五色"色彩理论。古人在认识色彩的初期，看见花草树木、虫鱼鸟兽皆披覆着和谐美妙、绚丽多姿的色彩，便产生了效仿之心，收集起彩色斑斓的物件用于自身的装饰。随着对色彩的进一步认识，古人发现原来可以通过某种方式将美丽色彩印染到服装上，服饰色彩历史便由此展开。可见，色彩仿生的手法在色彩理论产生之前就已经被有意识或无意识地应用了。自周朝开始，人们把"五色"理论纳入了"五行"体系，认为"五色"是"五行"之物的本色，并与"五方"相配属，即土黄在中、金白于西、木青在东、火赤于南、水墨位北（图3-57）。❶"五色"理论把"青、赤、黄、白、黑"定为五大正色，其他色皆称为间色，而间色由正色相杂而成，这种"正色—间色"说是古人从大自然的色散现象中得到启示、归纳总结出的结果。

根据五行说，正色是事物相生相促进之结果；间色是相克相排斥之结果，于是产生正色贵间色贱、正色尊间色卑、正色正而间色邪的对比。到了汉代，服装色彩被统治阶级规定作为一种区分贵贱等级的标志，出现了"五行服色"。色彩的这些特定性能被用作服务于统治阶级的政治功能，集中表现为汉武帝时儒学家董仲舒提出"天人合一"说和"天人感应"论，宣扬君权神授、儒教神化，"五行服色"

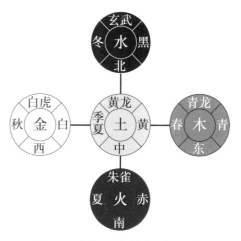

图3-57　传统"五行学说"简易示意
（笔者设计绘制）

---

❶ 崔荣荣. 汉民族民间服饰[M]. 上海：东华大学出版社，2014.

制度成了巩固封建制度的重要手段。班固在《白虎通义》❶中记载："制度文采玄黄之饰，所以明尊卑……"《后汉书·舆服志》记载："失礼服之兴……非其人不得服其服……"《旧唐书·舆服志》亦记载服装色彩的等级制度："贞观四年（公元630年），定三品以上官员服紫色，五品以上服绯色，六品七品服绿色……"因此，传统服饰色彩理论把自然、宇宙、伦理、哲学等多种观念揉合在一起，使实用的色彩融入思辨的哲理，形成别具风格的华夏色彩文化。❷

此外，针对传统色彩的命名，对于同一色系中不同的颜色，人们习惯以自然界中不同的物件来为其命名。清代李斗《扬州画舫录》中记载当时服装面料色彩："红有淮安红、桃红、银红、靠红、粉红、肉红，紫有大紫、玫瑰紫、茄花紫，白有漂白、月白，黄有嫩黄、杏黄、丹黄、鹅黄，青有红青、鸦青、金青、元青、合青、虾青、污阳青、佛头青、太师青，绿有官绿、葡萄绿、苹果绿、葱根绿、鹦哥绿，蓝有潮蓝、睢蓝、翠蓝、雀头三蓝……"可见，古人对于色彩的命名往往来源于其对自然事物色相的联想以及扩展，在表述某一具体色彩的同时，习惯于通过具有该色彩的事物来界定。

自古至今，"青、赤、黄、白、黑"作为传统五大正色，在服饰生活、政治文化及其他领域中的运用，一直由汉族乃至整个中华民族延续传承着。五色包含红、黄、蓝三原色及黑、白两极色，在传统配色上形成了独特的东方色彩风格——原色表现。传统服饰色彩以艳丽为美，纵观中国历史几乎每个朝代都以一种正色作为代表色，比如"殷尚白周尚赤"等。江南大学民间服饰传习馆藏有齐鲁、晋、江南、皖南、云南等汉族地区完整的足服传世品346双，色彩不可谓不鲜艳，用色不可谓不丰富，现基于中国传统五大正色，对馆藏足服进行主色相统计归纳（表3-1）。从统计数据可以看出，赤色占比最高，接近三成，其次是黑色，再次是青色，这三种色相在足服中的比例都很高，三者几乎囊括了汉族民间足服的所有色相，占据着绝对主导的位置。笔者需要强调的是，这种色相的选取与表现，不同于现代的鞋靴设计，并非单纯出于装饰审美的目的，更多的是出于民间百姓对于色彩背后隐含的意义的诠释，换言之是出于对我国传统正色的广泛实践与传承。

---

❶ 班固等著《白虎通义》集两汉今文经学大成之作，大部分为复述董仲舒的学说及基本观点。
❷ 崔荣荣. 近代齐鲁与江南汉族民间衣装文化[M]. 北京：高等教育出版社，2012.

表3-1　传统色彩理论视角下的足服主色相统计

传统正色	足服色相	数量（双）		百分比（%）	
赤	粉红色、浅红色	34	126	9.8	36.4
	大红色、朱红色	58		16.8	
	深红色、枣红色	12		3.5	
	紫红色、红紫色	22		6.4	
黑	黑色	119	346	34.4	100
青	草绿色、正绿色、深绿色	20	90	5.8	26.0
	天蓝色、正蓝色、藏青色	70		20.2	
白	白色	3		0.9	
黄	浅黄、杏黄色	8		2.3	

（二）足服上浓烈的"尚红"现象

赤，神圣之色。"日至而万物生"，赤为太阳之色，普照万物，在五色中指南方。其色相比朱红稍暗，类似于大红色。中华民族是典型尚红的民族，红色在汉族的民俗文化发展历史中逐渐由辟邪发展成为吉祥喜庆的含义，有红色的地方就象征着喜庆热闹、吉祥顺利。在北方地区，人们有在节庆日挂上红灯笼的习俗，大红灯笼映红一片，很具有节日喜庆热闹的味道。在中华民族的传统心理与思维中，人们很容易将红色与吉祥、喜庆、顺利、平安等众多美好的祝愿联系起来。民间红色的吉祥寓意还表现在婚嫁姻缘上，以传承喜结良缘、幸福美满的民俗含义。在汉族的传统婚俗上，新娘总会穿上一身鲜艳的红色婚礼服，头戴凤冠，脚蹬红绣鞋，身披霞帔，再盖上红盖头，坐上红花轿，新郎也得穿上红色长袍、身上挂着大红绸花绣球，门窗贴满大红喜字，家置红被子、红家具等。这红满堂的婚礼现场不仅烘托了婚礼的喜庆氛围，也预祝着新人将来的生活能够红红火火、吉祥如意。红色与婚礼的渊源不仅表现在婚礼上，也深深根植于汉族的民间传说中。如图3-58是一双大红色的弓鞋，收集自北方汉族的中原地区，是缠足的新娘结婚时穿的婚鞋，里外鞋帮、鞋底等皆为红色，颜色纯正、饱和、艳丽，人们以红色来增添喜

气的氛围。可见，红色在汉族人心
中总是被视为吉祥美满的象征。

　　此外，红色在汉族传统民间还
具很多的符号意义。例如，辟邪
求福。红色是三原色之一，视觉冲
击力最大，在五行中红色代表的是
火，具有温暖光明的意思，因此在
民间红色又上升为驱邪和祈佑的特
质。再如，正义英勇。红色也是我
国传统民俗中忠勇与正义的象征。
在传统戏曲中，"红脸"角色是指
勾画红色脸谱的人物，常常在故事
中充当友善或令人喜爱的角色，或
者在解决矛盾冲突的过程中代表正
面或正义性的人物。红色脸谱也用
来表现性格忠勇耿直，有血性的勇
烈人物，如人们常说的"红脸的关
公"——关羽，一身正气，常为民
除害。于是在民间传说和舞台戏曲
中，人们把他脸面"涂"红，以寄
予百姓对他的喜爱。❶因此，民间对
于红色的喜爱和崇尚，民间足服对

图3-58　民间婚鞋上的大红色
（江南大学民间服饰传习馆藏品）

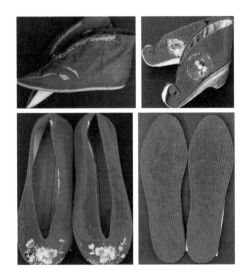

图3-59　足服上的大红色
（江南大学民间服饰传习馆藏品）

于红色的最高频次选用由此得到诠释和佐证。因此，除了在婚庆以及逢年过
节时做鞋、穿鞋首选红色以外，在人们的日常生活中，设计和制作足服在色
彩选择上也会延续着这种浓烈的"尚红"情节（图3-59）。

（三）足服上玄黑的广泛使用

　　从现有实物统计来看，黑色是汉族民间足服除红色外最常选用的颜色
（图3-60）。黑色之所以在民间足服中被广泛使用，首先得益于其自身的文化

---

❶ 崔荣荣. 汉民族民间服饰[M]. 上海：东华大学出版社，2014.

属性。黑在东、南、西、北、中五方中指北方，属水性，其守护神是玄武❶。"天玄地黄"，黑色也常被称为玄色，古人以北方上空深邃空灵的神秘之色为玄色。黑色的传统色相为烟火熏黑之色。在夏、周、秦及汉代初期，人们一度崇尚黑色，黑色于五色中占据很高的地位。在传统民俗文化中，黑色最典型的品质就是公平公正，戏曲脸谱中涂满黑色颜料的黑脸常代表忠贤正直的正面人物形象。

图3-60 足服上的黑色
（江南大学民间服饰传习馆藏品）

其次得益于其实用属性，从实用的角度来看，黑色无疑是最耐脏的一种颜色。足服作为与地面直接接触的服饰品，是服饰品中最容易污染弄脏的；而且又是民间足服，不同于王公贵族生活环境的"一尘不染"，民间足服所处环境污尘较多，这些都影响了人们在足服配色的时候对黑色的心理倾向。

（四）足服上的青蓝基调

东汉许慎著作《说文解字》❷："青，东方色也。木生火，从生丹。"五行体系中，位于东方的青色是最具中国特色的颜色，在中国古代具有极其重要的地位。众多色相之中，青色是现代人们不大了解的颜色，古人对于青色的色相表达也颇为复杂。《释名·释采帛》："青，生也，象物生时色也。"指出了青的本义是自然物发芽生长时的一种青涩的嫩绿色。《荀子·劝学》语出："青，取之于蓝而青于蓝；冰，水为之而寒于水。"而这里的"青"为一种深蓝色调，接近于靛蓝、紫蓝等色相。此外，青色还有黑的意思："金乌长飞玉兔走,青鬓常青古无有。❸""君不见，高堂明镜悲白发，朝如青丝暮成雪。❹"在古

---

❶ 玄武：亦称"玄冥"，龟蛇合体，是古代神话传说中的神兽——水神。
❷ 简称《说文》，中国第一部系统地分析汉字字形和考究字源的字典。
❸ 出自唐代诗人韩琮《春愁》。
❹ 出自唐代诗人李白《将进酒》。

代，由青色染料织染成的衣物统称"青衣❶"。汉代以后，青衣多为社会底层地位低下的贫苦劳动人民穿着。

由于古代染色技艺的限制，面料色谱中绿、蓝、黑三色是接近色，其间过渡色归属界线很难精确划分，所以这种模糊性反映在汉语中，就产生了"青"这种表义多样化的色彩词。蓝青色调在传统民间足服中的应用也十分普遍，明度和纯度不同的蓝色和青色系列是民间女子典型的传统足服色彩，如齐鲁民间的足服大多是青色、蓝色等冷色和以中性绿色为主的"青绿"色调（图3-61）；而江南地区足服的主色调是以青、蓝、黑为主体的冷色体系，即"青蓝"色调，"青蓝"色调的足服色彩搭配与江南水乡自然环境有着高度的和谐：蓝青花绿相映的大襟拼接衫、宽舒细致的作裙及穿腰束腰配上青莲包头藕花兜和青蓝绣花鞋，与江南水乡的蓝天、青山、绿水及水乡建筑白墙、青砖、黑瓦浑然天成（图3-62）。

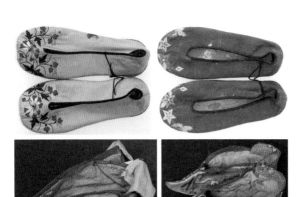

图3-61 齐鲁足服中的"青绿"色调
（江南大学民间服饰传习馆藏品）

图3-62 江南服饰搭配下足服的
"青蓝"色调
（江南大学民间服饰传习馆藏品）

（五）足服上白色的谨慎选用

《说文》："白，西方色也。阴用事，物色白。从入合二。二，阴数。凡白之属皆从白。"五行体系下，古人用白代表金德、西方、白虎、秋时、肝脏、湿气、商声等。在中国传统文化中，白色具有褒义和贬义双重文化定义。一

―――――――――――――――――

❶ 青衣：青色或黑色衣服，古代又指儒生，也常指戏曲旦行中一种行当。

方面，白色象征着纯洁、美好、清白、清晰、廉洁、通明、大义等寓意。另一方面，白色也是死亡的代名词，因为白色意味着"无"，虚无、尽头的意思，使人们自然而然地联想到生命的终结。民间常有"红白事"一说，红事泛指婚事，白事指丧事，如果说男女婚嫁是一派盛红之景的话，那活人离世便是一幕苍白之色。因此，民间对于白色的服饰用色一直持避讳和禁忌的基本态度，就足服来讲，笔者走遍全国各地，目前还未发现一双显露在外的，日常生活中穿着的白色足服。

之所以加上"显露在外"的限定，是因为有一些足服饰品会以白色布料制成，如图3-63所示"鞋袜"，且此类"鞋袜"均以白色棉布制成，但是"鞋袜"是人们穿在脚外，套在鞋内的一种足服饰品，并不能直观地显露出来。而加上"日常生活中穿着"的限定是因为在一些特殊的场合，针对一些特殊的人群，也会出现纯白色的足服，如为去世老人设计制作的"行孝鞋"（图3-64），在扬州地区有一个白帮红跟"行孝鞋"的传说：从前有个樵夫和母亲相依为命，母亲每天把饭给他送到山上，但樵夫却不敬不孝其母，非打即骂。有次他看到乌鸦对老鸟的行孝反哺后决定悔过自新。一天母亲送饭晚了，他就跑去接她，他母亲以为又要打她，吓得转身就逃，不幸撞死在树上，脑浆流了一地。樵夫悲痛欲绝，就在鞋帮上蒙上白布，后跟缀条红布条，这白色代表母亲的脑浆，红色代表母亲的鲜血，教育后代永远要尊重和孝敬老人。民间把孝子用白布幔鞋叫护孝，如双亲丧一人，只幔鞋头，另一位老人寿终全幔。❶因此，在传统民间需要显露在外的、日常穿着的足服，白色需要谨慎选用。

（六）足服上沉默的黄色禁忌

黄，五正色之一，是中华民族最推崇的颜色。《说文》云："黄，地之色也，故从田。"意思是说，黄色是土地发出的光，即土地的颜色。除了滋养万物的"中央土"是黄色之外，古人发现人们的皮肤也是黄色的，黄河之水也是黄色的。按照阴阳五行学说，黄色对应五行中央的土德，是所有色彩中的至尊之色，也称中央之色，备受尊崇。这种思想与儒家大力推崇的"君权神授""大一统"思想如出一辙，因此，在漫长的封建社会长河中，黄色一直

---

❶ 钟漫天. 中华鞋文化[M]. 北京：中国轻工业出版社，2016.

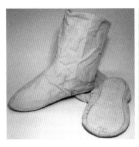

图3-63 "鞋袜"上的白色
（江南大学民间服饰传习馆藏品）

图3-64 "行孝鞋"上的白色
（引自钟漫天. 中华鞋文化[M]. 北京：
中国轻工业出版社，2016. ）

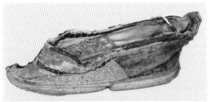

图3-65 民间足服上的杏黄色
（江南大学民间服饰传习馆藏品）

图3-66 宫廷足服上的明黄色
（引自SPLENDID SLIPPERS-A Thousand Years of
An Erotic Tradition）

是君权的象征，象征君主神圣不可侵犯的权威。历朝历代用以记载车舆冠服
等使用规范的《舆服志》都制定了等级森严的服饰用色制度，普通百姓不敢
逾越。即使到了近代，清王朝逐渐落寞，等级制度也不断瓦解，尤其是辛亥
革命以后，封建王朝彻底推翻，汉族民间在长时期形成的对黄色的禁忌仍然
存在，因为从现有民间的传统足服实物中，笔者还未找到一双以明黄色为主
题颜色的足服，只有少量与明黄色接近的杏黄色足服（图3-65），而且这里的
"杏黄色"很有可能是长时间后红色褪色所致，图3-66为宫廷足服上正宗的明
黄色，以为对比。

二、现代色彩理论视角下足服色彩搭配艺术

（一）现代色彩基本理论及概念

实际上，前面所述我国传统的"五色理论"与现代印象派色彩理论不谋而合，依据现代色彩理论，五色中的"赤、黄、青"即对应色料中的"红（品红）、黄、蓝（青）"三原色❶。"黑、白"即为两极无彩色。现代"三原色理论"（图3-67），遵循"减色法"规则，即黄色加青色可配绿色，青色加品红可配紫色，品红加黄色可配红色，三者等比例混合得黑色等。该理论是建立在科学实践的基础上，而我国传统的"五色理论"则是出于古人对宇宙自然万物色彩的高度抽象总结出来的结果。

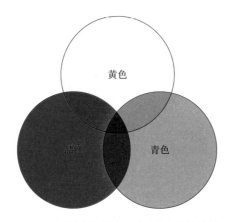

图3-67　现代色料三原色示意（笔者设计绘制）

此外，按照现代色彩理论，丰富多样的颜色可以分成两个大类，即无彩色系和有彩色系。有彩色系的颜色具有三个基本特性：色相、纯度（也称彩度、饱和度）、明度。在色彩学上也称为色彩的三大要素或色彩的三属性。色相是有彩色的最大特征，所谓色相是指能够比较确切地表示某种颜色色别的名称，如朱红、藏青、翠绿、杏黄等。纯度是指色彩的纯净程度，它表示颜色中所含有色成分的比例，含有色彩成分的比例越大，则色彩的纯度越高，含有色成分的比例越小，则色彩的纯度也越低。明度则是指色彩的明亮程度。

---

❶ 原色：指无法由其他颜色混合调配出来的颜色，也称"基本色"。

（二）足服上的纯色对比

现代色彩理论中，色相环中相对的两个颜色互为补色，也称对比色。对比色之间色彩效果相差最大，如黑色与白色、红色与绿色、橙色与蓝色等都是对比色。汉族民间足服在色彩搭配上喜欢将对比或互补的纯色配合使用，从而达到明快强烈的色彩效果。例如，民间过年新足服利用正色如红、黄、蓝等进行对比配色，能够很好地营造出节日欢乐喜庆的氛围。在利用正色搭配时，为避免高纯度的原色对比造成过分刺激与不和谐，往往通过控制对比色的纯度、明度和使用面积，以及采用黑白灰或其他中性色过渡的手法，以缓解对比的强度。所以传统足服色彩往往追求在和谐统一的基础上合理实施对比强调，使色彩调和统一又不失艳丽，赏心悦目而又喜庆吉祥，独具东方特色。在民间足服上，常用的对比色有红与黑（图3-68）、红与蓝（图3-69）、绿与蓝等，对比颜色的空间部位有面料与里料、面料与镶绲边（图3-70）、鞋帮与鞋底以及面料与刺绣纹样（图3-71）等。

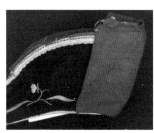 

图3-68　足服上红与黑的对比　　　　　　　　　图3-69　足服上红与蓝的对比
（江南大学民间服饰传习馆藏品）　　　　　　　（江南大学民间服饰传习馆藏品）

图3-70　足服上面料与镶绲边色彩对比　　　　　图3-71　足服上面料与刺绣纹样色彩对比
（江南大学民间服饰传习馆藏品）　　　　　　　（江南大学民间服饰传习馆藏品）

（三）足服上的渐变统一

在民间足服的刺绣纹样装饰上，还有一种常见的配色方法是渐变统一，通过同一色彩的明度渐变（民间也称为"晕色"），衍生出很多跳跃且统一和谐的色彩组合，可多达十余种搭配色彩的点缀，使视觉效果异常突出和耀眼，并给人以强烈的视觉刺激，艳丽和富丽堂皇的感觉也自然流露出来。现代色彩理论称这种配色是一种"色彩推移"，所谓"色彩推移"，指巧妙地运用色彩明度、纯度的提升与降落，通过植物花卉、枝叶、动物羽毛等色彩渐变推移，达到色彩层次的递进，从而协调刺绣配色与底色，即足服主色调面积之间的配比关系，协调各色相之间的比例关系，获得视觉上的均衡（图3-72）。

图3-72　足服上的色彩渐变统一
（江南大学民间服饰传习馆藏品）

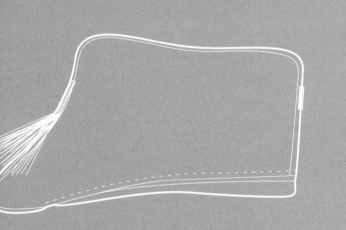

第四章

汉族民间足服的社会文化意涵

钟漫天先生在《中华鞋文化》后记中这样说道："汉族民间足服的发展演变史是一部先民的生活史、民族的文化史。足服对于我们每个人，不仅是一辈子伴随的物化用品，更是贯穿整个人生礼俗的文化饰品。"将足服这一物化的服饰品，置于传统的社会生活之中，联系到其所服用的具体对象，就会发现，汉族民间的足服立刻具有了对诸多社会文化意涵的表征。这里的社会文化有实用的、民俗的、情感的、地域的、审美的、性的、礼教的以及民族的等，汉族民间足服正是通过对这些文化意涵内容的诠释完成了其在意义和内涵上的语义建构，成为汉族传统社会与历史的物质表征。

第一节　民间足服的实用功能

民间足服的社会文化建构首先是建立在物理和生理基础上的实用功能性开发，使得足服尽可能地带来穿着的合理性，以满足人的基本需求，体现其在实际使用中的价值。这种实用性能是人们在长期劳动实践中不断发现、总结和修正的，不是一种空洞、孤立或有意的添加。民间足服的实用性能即指在一定物质条件下，在制作和使用过程中，通过足服的材料、造型、结构、工艺以及相关足服饰品的配置，满足身体（主要是足部）防护和日常生活劳作的基本需求，如耐磨、防滑、防水、防晒和保暖御寒等，此外还能有吸湿、透气、抗菌、防臭、按摩等的穿着舒适性能和卫生保健性能，下面结合人体工程学展开具体论述。

一、材料对足服实用性的影响

材料，作为组成足服的物质基础，其自身携带的诸多性能直接决定和影响了足服的实用性能（主要有耐磨性、防护性、舒适性和卫生性）。

（一）制作材料的耐磨性分析

足服，在空间位置上不同于袍服、上衣下裳等主服，也不同于首服、云肩、荷包、肚兜等服饰品，它是唯一一种与地面直接接触的服饰品，因此其对于耐磨的性能要求显得十分严苛，尤其民间劳动人民所穿的足服，是实用性最大的体现方面。另外，从造型结构上来看，鞋底又是足服上耐磨性需要最高的部件。针对鞋底的穿用，除了在竖直方向受人体重力的压力外，在水平方向上，穿着者行走活动时会受到地面向前的摩擦力（在一些凹凸不平的道路与田间，这种摩擦力还会增强），得出鞋底主要受人体重力压力和摩擦力产生材料的耗损。❶为此，在设计制作足服时，人们首先在材料上尽可能选择耐磨性高的，如近代频繁出现的一些较薄的平底弓鞋底，制作者会在经常容易磨损的鞋头与鞋跟处补贴上方寸大小的皮革或木板片，即所谓的"补强"（图4-1），用来增强耐磨性。此外，在民间天足鞋中也有在鞋底补贴皮革或橡胶等耐磨材料以增强足服的耐磨性和使用寿命（图4-2）。

（二）制作材料的防护性分析

足服材料的防护性是指足服通过材料来很好地隔离和保护裸足免受外部自然环境，尤其雷雨天气、山路荆棘等恶性环境的侵害。这里的防护性具体表现为防水、防滑性能等，这些都是通过具有特定性能的材料来实现的。例如，江南地区雨天穿的皮靴（图4-3），鞋帮以纯牛皮制作用来防水，鞋底钉上圆形铁钉用来防滑；再如江南地区雨雪天穿的"钉鞋"（图4-4），在形似蚌壳的鞋面上涂有桐油防水，鞋底整齐钉有椭圆形铁钉防滑，并能够保持鞋底与地面有一定的空间，从而使得鞋底不易进水；齐鲁地区称这种鞋为"油鞋"，也称"水鞋"，底用麻绳帮用线纳得非常紧密和硬实，在外面涂上桐油防水。

（三）制作材料的舒适性分析

舒适性是指人体生理表面与服饰材料的接触以及与外界环境气候、温度、湿度等因素的和谐统一，是人体进行新陈代谢和维持正常生命和生理活动的重要条件之一。合适的足服材料可以调节裸足生理表层和外部环境之间的湿

---

❶ 王志成，崔荣荣. 民间弓鞋底的造型及功能考析[J]. 艺术设计研究，2017（3）：50.

图4-1　弓鞋底上的皮革材料"补强"
（江南大学民间服饰传习馆藏品）

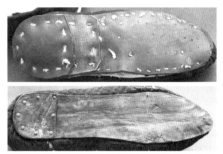

图4-2　天足鞋底上的橡胶、皮革材料
（江南大学民间服饰传习馆藏品）

图4-3　防水防滑的牛皮靴
（江南大学民间服饰传习馆藏品）

图4-4　防水防滑的"钉鞋"
（江南大学民间服饰传习馆藏品）

热能量交换，使人体始终处于舒适状态。传统民间足服的制作材料大都是棉布和丝绸。其透气性、吸热性和保暖性较强，可以有效吸收和储藏人体热量，当外部气温降低时再将热能释放，符合足服舒适性的物理指标；而皮靴等的皮质耐用，具有良好的弹性，有利于人体运动时足部活动而且不累脚，是目前最符合足部舒适性和卫生性的制作材料，现在已被广泛使用。

其次，影响穿着舒适性的还有纤维构成因素，服饰材料纤维的构成可以调节肌肤触感的接触性机能，材料纤维肌理的粗细、硬挺、柔软、滑爽等会使足部肌肤感到舒适或不舒适，如草鞋会使足部感到刺痒，而布鞋则使足部感到自然柔和。

（四）制作材料的卫生健康性分析

棉纤维是多孔性物质，其纤维素大分子上存在大量亲水性基团（—OH），吸湿透气性能好，在一般大气条件下，回潮率可达8.5%，能够及时并较好地吸收脚底排出的汗液，保持足部干爽舒适。棉纤维也是天然纤维，其主要成分是纤维素纤维，含有少量的蜡状物、含氮物和果胶。经过科学的检测发现，纯棉织物与肌肤接触无任何刺激等副作用，久穿对人体无害，卫生性能良好。此外，棉布还具有柔软、保暖的服用效果，并且相比丝绸、锦缎等上等服饰材料价格低廉，是制作足服的上选材料。

皮革具有良好的透气性和吸水性。足部的汗腺主要分布于跖趾关节之前、脚趾部分，湿热的环境会引起不适而且细菌很容易繁殖，而皮革的毛孔能够保持良好的透气和透水性能，可以有效地起到抗菌作用，这是保证足衣良好卫生性能的前提。因此，皮革是良好的制作足衣的材料。

传统足衣在制作过程中常常刮"面粉浆"使鞋面和鞋帮硬挺，且从自然界中获取能够显色的物质作染料。在传统的分类方法中，染料被分为石色（矿物质粉末）和草色（植物色素萃取物）两大类，两者都是采用天然原料直接加工制成各种颜色的染料。材料中既没有化学药剂，也没有有毒物质，具有很好的环保和卫生健康性。❶

二、结构造型对足服实用性的影响

（一）鞋翘的实用价值

鞋翘是中国古代足服的特色造型之一，究其样式和规制，除了审美和表意外，鞋翘还具有许多实用价值，主要有三点：一是传统妇女服饰下裳以及地裙和裤为主，鞋翘的设置有利于托住裙边，行走不致跌滑；二是行走时鞋翘有保护警戒的作用，可使穿者免受伤害；三是鞋翘作为鞋底的延伸，较高的牢度可以延长鞋帮与鞋履的使用寿命。❷鞋翘的实用价值由此可见。

（二）弓鞋底的巧妙设计

鞋底是直接与地面摩擦的部位，亦是直接与裸足接触的部位。与此同时，弓鞋底亦是服用于具有特殊裸足生理形态的缠足妇女群体。用物理学方法对弓鞋底进行受力分析可得出，在竖直方向上静止不动时，其除鞋自身重

---

❶ 崔荣荣，瞿晶晶. 近代传统足衣的卫生功能性研究[J]. 装饰，2007（11）：77.
❷ 骆崇骐在考证鞋翘样式和规制时得出四种鞋翘的四点起因推断，其中三点是基于实用，即文章所述，还有一点是表意层面的：古人认为鞋尖上翘与建筑的顶角上翘一样，是信仰和尊崇上天的结果。详见骆崇骐《中国历代鞋履研究与鉴赏》。

力G外主要受一个垂直方向地面向上的支持力F1和缠足妇女体重向下的压力F2（图4-5），并且由于裸足特殊形态，受力区域集中在鞋底后跟处。基于此，坡形高底可使缠足妇女的身体前倾，重心前移，分散足底与鞋底之间垂直压力（转化为摩擦力f1），减轻长时间穿着的痛感和疲劳感。

从人体工程学的角度来看弓鞋底对足部的服用舒适性。缠足的行为活动完成后，脚趾变形，五个脚趾除大拇指外四脚趾弯折按压于脚底，有时两个小脚趾还会因为腐烂退去。裸足中间"折腰"，脚背隆起，脚底心向上拱起，形成"弯弓"的形态。这是缠足小脚除"小"以外最大的特征。缠得"弯弓"的裸足往往重心不稳，鞋底作为双脚和人体的支撑，除了确保穿着的实用性，同时应满足穿者的舒适性。江南大学民间服饰传习馆藏弓鞋实物鞋底"弯弓"形制占半数以上。这种向上弯曲的鞋底贴合了向上拱起的脚底，适应了缠足妇女的生理结构特征，弥补了缠足给妇女带来的生理不便。如图4-6所示，线段AB为缠足后脚底的抽象曲面形态，线段A'B'和CD为弓鞋底的两种抽象形态，线段EF为一般平底鞋的抽象形态，显然具有弯曲形态的线段A'B'与AB能够更好地贴合。❶可见，心灵手巧的中国古代妇女在没有科学理论指导的情况下，自觉参照了缠足后的足部特殊生理结构，使弓鞋向尽可能的舒适性方向迈进了一大步。

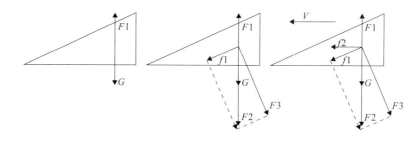

图4-5　弓鞋底的受力分析示意

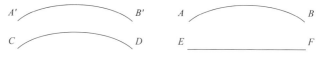

图4-6　弓鞋底与裸足的关系示意

---

❶ 王志成，崔荣荣. 民间弓鞋底的造型及功能考析[J]. 艺术设计研究，2017（3）：50.

（三）鞋口的合适设计

鞋口和鞋脸的形制是调节足服活动适应性的关键因素。鞋口设计很讲究，弹性是关键，可以有效地调节足服。这表现在对足部表面的内外压力，决定是否具有良好的穿着性、是否有压迫感、穿着的松紧合脚程度等，松了鞋不跟脚，紧了足部下端容易肿胀，因此，传统足服大多采用圆口或开口就是为了穿着符合脚面造型而形成合适的足压。❶

（四）纳鞋底的制作工艺

百纳鞋底是我国传统足衣最常用的部件。根据足衣的穿着场合制作时使用几层到几十层不等的土织布进行层层叠加，然后用较粗的绳线进行密密麻麻的缝纳，这就是民俗所说的"千层百纳"（图4-7）。如果需要柔软舒适的鞋底，缝纳的间距为0.35～0.5厘米，针法较松，厚度一般为0.6厘米；如果需要硬挺耐用的鞋底，缝纳的间距为0.2～0.3厘米，针法较紧，厚度一般为1.4～1.5厘米，这样的鞋底耐磨性极好，牢度显著增强，适宜民间田间劳动和行走的需要（图4-8）。

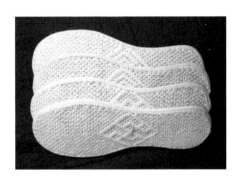

图4-7 "千层百纳"鞋底
（江南大学民间服饰传习馆藏品）

图4-9的鞋底是笔者收集于山东淄博峨庄一对老夫妻的院落，放在窗台外风吹日晒雨淋已有数年时间，鞋面早已不知去向，而鞋底仍然保持完好，足见牢度极高。这是齐鲁民间特色足服"禅鞋"的鞋底，最大的特点就是鞋底厚，鞋帮用粗线密密麻麻纳过以增强硬度和牢度，尤其结实耐穿，适合爬山和在荆棘中劳动时服用。另外，山区的妇女在鞋头上也密密麻麻地纳上线是为了走山路、上石阶时保护鞋头❷（图4-10）。

图4-8 现代女性展示传统纳鞋底工艺
（笔者摄）

❶ 崔荣荣，翟晶晶. 近代传统足衣的卫生功能性研究[J]. 装饰，2007（11）：77.

❷ 崔荣荣，高卫东. 民间服饰品的适用性功能[J]. 纺织学报，2009，30（2）：102.

第四章 汉族民间足服的社会文化意涵

（五）特殊的卫生功能性设计

传统足服材料中既没有化学染料，也没有有毒物质，都是自然物质，都具有很好的环保和卫生健康性。但是，传统三寸金莲的卫生功能性整体来说较弱，其穿着的不舒适性是显而易见的，并且由于裹脚布的层层包裹，透气性和透湿性都很差，故而也很容易产生足部的病变和异味，因此，有条件的人家在鞋的足跟处装有一小抽屉，里面装有香料，这样可以冲淡裹脚带来的异味（图4-11）。

图4-9　百纳"禅鞋"底　　　　图4-10　百纳鞋头　　　　图4-11　弓鞋底抽屉蓄香料
（江南大学民间服饰传习馆藏品）　（江南大学民间服饰传习馆藏品）　（钟漫天先生藏品）

三、鞋垫物与足服的实用功能

（一）刺绣鞋垫的实用功能

鞋垫是保证足服实用功能性的重要辅助品，除了具有防汗、抗寒的基本功能，还具有一定的保健功能，尤以割绒绣花鞋垫实用性最强。割绒绣鞋垫采用割花技术，将数层棉布叠加并在中间以两层网状物隔开，然后开始绣花，绣花的密度和松紧决定了鞋垫的厚度和柔软程度，最后用刀片从两层网状物中间割开对称的两只鞋垫（图4-12）。这样的鞋垫一面紧密精致，一面露出整齐的长绒毛，非常柔软、保暖、吸汗、透气，具有防汗脚、防脚臭的生理保健功能，对裸足起到了很好的保护作用；还具有不褪色、不变形的耐穿性能，使用寿命很长。

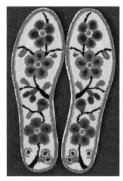

图4-12　割绒绣保健鞋垫
（江南大学民间服饰传习馆藏品）

148

（二）其他鞋垫物的卫生功能性

除了鞋垫之外，其余的鞋垫物在北方部分地区穿着足服时有就地取材的习惯，在鞋内垫上当地常见且实用的材料。例如，东北靰鞡鞋内所垫的东北三宝之一的乌拉草，靰鞡鞋内宽松不勒脚趾，乌拉草松软透气，在足部出汗后将乌拉草取出晒干仍然可以重复使用，而且越垫越晒越柔软，因此，穿着这样的鞋不易生脚气和其他脚病。《长白山汇征录》也有记载为证："乌拉草，蓬勃丛生，高三尺，有筋天节，异常绵软，凡穿乌拉者，将草捶熟垫籍其

图4-13　鞋底内铺垫棕树皮
（钟漫天先生藏品）

内，冬夏温凉得当。其功用与棉絮同。"可见乌拉草可以使靰鞡鞋具有极好的卫生功能性；还有山东山区里常见的猪皮靴（俗名猪皮绑）里面也是垫着当地普通的牛毛或羊毛，舒适又保暖。

此外，鞋垫物的卫生性还表现在民间在设计制作缠足妇女所穿的木底弓鞋的时候，人们常会在木质跟体与内底之间铺设一层棕树皮（图4-13）。因为棕树皮不仅结实耐磨，而且具有抗菌、抗霉、耐腐蚀和吸湿除臭等优良服用性能❶。

四、其他足服饰品的实用性

除了鞋垫物之外，袜、绑腿等其他足服饰品对于足服实用性的诠释同样十分重要。袜是直接包裹在裸足外的足服饰品，是对裸足的第一层保护。因此制作袜的材料一般是一些柔软、触感舒适的面料，以起到一定的保暖、缓和裸足与鞋之间的摩擦等作用。为了进一步提高袜的保暖性能，人们会在面里料之间絮填大量的棉絮，做成厚厚的棉袜（图4-14）。

绑腿，一般与裤、鞋搭配，在小腿及脚踝处上绑裤，下绑鞋，极大地提高了人们足部相关服饰的适用性，为增强腿部肌肉力量，提高缠足妇女弓足

---

❶ 王志成，崔荣荣. 民间弓鞋底的造型及功能考析[J]. 艺术设计研究，2017（3）：50.

图4-14 棉袜
（江南大学民间服饰传习馆藏品）

图4-15 绑腿
（江南大学民间服饰传习馆藏品）

支持力等提供了有力保障。尤其针对民间劳动百姓，在爬坡上山的时候，绑腿可以遮挡山路边的荆棘，提高爬坡的速度；在田地劳作时，绑腿可以遮挡农作物茎叶等对腿部的伤害；春夏季在水稻田插秧时、在田间地头割草时，还能防止蚂蟥、蚊子、蛇等的叮咬；同时也可以起到保暖的作用。因此，绑腿是传统百姓在长期的生产劳动过程中设计、制作和总结出来的，最具实用功能的足服饰品之一（图4-15）。此外，有钱的富贵人家为了方便，抑或美观，也会用绑腿，只是其材料和装饰不同于农家所用粗棉布的简陋，多选用上等绸缎并织造或刺绣出精美的装饰纹样，既实用亦美观，体现了"美用一体"的中国传统造物思想和审美取向。

第二节　民间足服里的民俗情感内涵

与人们日常生活紧密联系的足服，在满足人们日常物理和生理需求从而实现其实用价值外，也成为民间情感表达、体现和精神寄托的物化载体。汉族民间足服在汉族人们长期生产实践和社会生活中逐渐形成多项较为稳定的文化事项，并在民间流行且世代相传，折射出民间足服文化意蕴的社会表意传情功能。

一、民间足服里的民俗文化

民间足服的诸多民俗内涵主要体现在人生礼俗当中，通过人生之中的各种礼仪来实现，主要是婚仪礼俗和丧葬习俗，即民间俗称的"红事""白事"，在某种意义上贯穿了人的一生，甚至来生。时至今日，民间足服里的许多民俗事项在汉族民间广阔的地域上仍然在不断地上演着、传承着，展现出强大的生命力。

（一）民间婚礼"鞋俗"

在传统民间，婚仪礼俗是每个人（尤其是女人）成年以后需要面对和实践的人生当中第一份重大的礼俗。婚仪礼俗里的足服文化丰富多彩，从男女相识、相亲到相婚、相爱，从媒妁定亲到花轿迎亲，再到过门回娘家等，始终伴随着独特的鞋俗文化。

传统民间的妇女，在结婚之前，即还在闺中时，往往通过脚下的鞋来寄托对心上人以及未来夫君的相思之情。早在唐代就有才女姚月华在《制履赠杨达》里写道："金刀剪紫绒，与郎作鞋履。愿作双仙凫，飞来入闺里。"❶在湖南汨罗也有歌谣《想给情哥做双鞋》唱道："想给情哥做双鞋，没有尺寸难剪裁，抓把石灰撒在大路口，悄悄等他走过来。"❷姑娘们寄情于鞋，表现出对爱情婚姻的美好期盼。

实际上，在传统媒妁定亲的时候，定亲的男女双方是一般不能直接见面的，所谓"父母之命，媒妁之言"❸，儿女的婚姻需要父母做主，媒人说和。在陕西旬邑习俗中，当男方向女方征求定亲意见时，若女方同意这桩婚事，便会为男方送上由"准新娘"亲手做的一双男鞋和一双女绣鞋，当地称这两双鞋为"回答鞋"，即回答对方的定亲意见，寓意"鞋成双对，人成对双，白头到老不分离"❹。需要注意的是，这里的"回答鞋"，尤其是造型构造复杂、装饰空间大的女鞋，制作装饰的十分精美，尽可能地囊括所有的装饰技艺，以表现"准新娘"高超的女红技艺与心灵手巧。男方则通过此鞋的精美程度来分析和判断"准新娘"的技艺和品性，可谓"见鞋如见人"。此外，在缠足习俗普遍及盛行的时候，男方更通过此鞋的尺寸和各种形态来鉴别"准新娘"的弓足（弓鞋的形态即弓足的形态），鉴别"准新娘"的美貌。这种婚前"以

---

❶ 典故出自《后汉书·王乔传》。

❷ 演唱者：伏利文，采录者：姜翕根，1988年7月采录。

❸ 出自《孟子·滕文公下》："不待父母之命，媒妁之言，钻穴隙相窥，逾墙相从，则父母国人皆贱之。"

❹ 钟漫天. 中华鞋文化[M]. 北京：中国轻工业出版社，2016.

鞋取人"的独特婚俗在汉族民间十分普遍，如在广西的高山汉族，在选定结婚日期（即送期）之后，女方便要停下农活开始做"嫁妆鞋"。"嫁妆鞋"是准备要到男方家时分送给男方亲戚的，通常都要做几十双❶。"嫁妆鞋"做得好坏是评价新媳妇的重要标准，如果鞋底纳得细密、针迹整齐，鞋面剪得恰到好处，纹样精美细致，则说明新媳妇爱劳动、不偷懒；反之则证明新媳妇懒惰、手工差，这样将来是要受到婆家白眼的❷。

　　除了定亲时的"以鞋取人"及"以鞋为媒"，民间鞋俗在嫁娶进程中体现得更加淋漓尽致。在很多地方，新人结婚当日（民间俗称"择日"），男女新人都要穿上红色鞋袜，尤其鞋，以红色（或紫红❸、粉红色❹）来增添喜气、热烈的氛围，一般在第二天回门时再换上黑色方口的黑布鞋。人们统称新人新婚穿的鞋为"婚鞋"或者"喜鞋❺"，新娘穿的"婚鞋"还会在鞋面上刺绣装饰各种喜庆的纹样，如图4-16所示，鞋面上刺绣红双喜和"同谐（鞋）到老"纹样，表达对新人婚后生活喜事连连、天长地久的美好祝福。在做鞋的时候民间还会有意将"喜鞋"做得比脚大一些，穿起来宽松一些，寓意新人婚后的生活阔绰富余（裕）。需要注意的是，"择日"当天，新娘换上准备好的崭新的新鞋之后，就不能下地活动了，坐在床上等着花轿前来迎接。

　　在新娘出嫁时需要严格遵守"鞋不带土"的风俗，这一风俗在汉族地域广泛流传，甚至在一些少数民族如回族、满族也同样有着这一风俗。笔者在江苏盐城田野调研时，当地经验丰富的老人详细地讲述了这一风俗：在"择

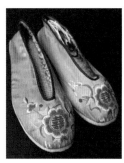

图4-16　新娘穿的红色"婚鞋"
（江南大学民间服饰传习馆藏品）

---

❶《隆林汉族》编撰委员会.隆林汉族[M].南宁：广西民族出版社，2013.

❷ 牛犁.汉族特殊族群（惠安女和高山汉）女性服饰研究[D].无锡：江南大学，2014：11-14.

❸ 即紫红白底鞋，取"白"和"紫"的谐音"百子"，寓意着婚后子孙满堂。详见梁惠娥、翟晶晶、崔荣荣《从缠足透析我国传统文化的思想要素》。

❹"婚鞋"配色风俗除了尚红，一些地方如中原豫南也会尚绿。绿在该地方言中音同"路"和"禄"，于是"路"鞋可以隐喻新娘不忘回娘家之路，不忘娘家之情；"禄"鞋则寓意福禄双全、步步生禄。详见钟漫天《中华鞋文化》。

❺ 北方还会称"婚鞋"为"黄道鞋"，因为办喜事、做婚鞋的日子都会选黄道吉日。

日"这天，当迎亲花轿抬到新娘门口时，新娘不能自己穿着鞋直接踩在地上走出来，需要由新娘的父亲把女儿抱上花轿，父亲不在可由兄长代劳；或者新娘在新鞋外面套踩着父亲或兄长的鞋自己走上花轿后再把父亲或兄长的鞋脱掉❶。这样做的目的是不让新娘的"新鞋"碰到娘家地，沾上娘家的土，把娘家的土带到婆家（夫家）。民间认为，把娘家的土带到婆家会把娘家的财气带过去❷。

按关中乡俗，新娘除了自己在择日穿的"婚鞋"之外，还必须另做一双给丈夫的大鞋和代表自己的小鞋，这两双鞋合称为"食摞鞋"，即要将小鞋套进大鞋里面，摆在送亲队伍抬的大食摞最上面，专供沿途人们观光。还有很有趣的口号（户县民谣）："大鞋套小，同年到老！"在渭北的澄城、合阳等县的婚鞋中，有一种独特的纹样设计，在盛开的牡丹花心中，精工绣出一双大的圆头鞋和一双尖头鞋并置的纹样，可以说这正是对上面那句民谣的形象化再现（图4-17）。在汉中一带的嫁妆中，也发现有将男女鞋并置一起的做法，称为"同鞋（谐、携）到老"❸。男鞋女鞋，男女和谐。通过谐音将"鞋"联想到"谐"，表达男女琴瑟和谐的美好爱情，图4-18是"男女合鞋"的挂件饰品。

图4-17 鞋上的"男女合鞋"纹样（引自钟漫天.中华鞋文化[M].北京：中国轻工业出版社，2016.）

图4-18 "男女合鞋"饰品（引自钟漫天.中华鞋文化[M]].北京：中国轻工业出版社，2016.）

---

❶ 除了这两种常见的方法，还有一些地区在通往花轿的地面上铺上红毯或者草席子，来避免新鞋与地面直接接触。

❷ "鞋不带土"，除了为了不带走财气，在其他地方还有几种其他的说法：一是"带走财气"一说，有地方称"带走福气"；二是担心新娘依恋娘家不愿自觉走去；三是为了表示新娘高贵的身份；四是以利避灾吉祥。

❸ 王宁宇，杨庚绪.母亲的花儿——陕西乡俗刺绣艺术的历史追寻[M].西安：三秦出版社，2002.

新娘下轿后换穿踏红毡之踏堂鞋，尚黄色（多为杏黄）与绿色，取自"黄的金，绿的银，骡子驴儿成了群"谚语。黄乃金之色，绿为银之锈色，而"骡驴成群"寓意夫家产业昌盛。另外，在新娘鞋箱中也要备缎鞋四只（布鞋不计），取谐音"四至"，表意为诸事四至。待到新娘新郎洞房花烛夜，男方家长通常为新人提供一双只能在床上穿用的秘戏功能喜鞋。这是睡鞋的一种，除了在帮面和外底面刺绣装饰的花卉图案外，在内底上铺垫一层薄纱布，在薄纱上手绘有展现两性床笫之事的场景图，供新人观看学习。这与儒家文化所持隐晦封闭的性文化教育理念有关，同时也表达了人们对于早生贵子的美好期盼与祝愿。❶

在一些地区，新娘子在新婚后过门回娘家时还要穿一种叫"过桥底"的弓鞋。此鞋后跟较高，鞋底呈弯弓状，势如桥拱，在鞋底的凹处悬挂一对黄豆大小铜铃铛，走起路来容易叮当作响。古时称这种在鞋底悬铃的鞋作"禁步鞋"，这里的"禁"取禁止的意思，妇女结婚过门后穿上这种鞋便要移步"金莲"，缓步慢行，不能使鞋底的小铃铛发出声响，否则视为失态、失礼、有失妇容之举。有意思的是，在一些地区与此相反，新娘刚刚入嫁夫家之后，便会换上虎头造型的弓鞋样式（图4-19）。老虎是动物之王，威武勇猛。新娘以此为自己壮胆，不受婆家欺负。从地域上看，这样的习俗在传统的江南吴越地区较为普遍。

图4-19 虎头弓鞋
（引自钟漫天. 中华鞋文化[M]. 北京：中国轻工业出版社，2016. ）

此外，在一些地方，新娘嫁入夫家之后，贤惠的新娘还会为夫家公婆、姑嫂等家庭成员送上自己亲手做的鞋子，以促进入阁家庭的和睦。民间歌谣《大红鞋子十八对》唱到："板凳板凳歪歪，菊花菊花开开，先开箱，后开柜，大红鞋子十八对，公一对，婆一对，姑子小叔各一对。"❷在陕西商洛一带称这种鞋为"满堂鞋"，意思是新娘通过赠送夫家每人一双鞋来赢得满堂喝彩。

---

❶ 王志成，崔荣荣. 民间弓鞋底的造型及功能考析[J]. 艺术设计研究，2017（3）：51.

❷ 口述者：吴王氏，采录者：吉有余、陆纪昌等。这是一首传统儿歌，异文较多，如1924年12月2日北京大学《歌谣》周刊第15号载镇江平和子搜集的《板凳板凳歪歪》："板凳板凳歪歪/菊花菊花开开/先开箱后开柜/大红鞋子十八对/新娘子起来吧/你家娘家送来花来了/什么花/牡丹花/不要他，弄些胭脂花粉儿搽搽吧。"

（二）民间丧葬"鞋俗"

在传统社会的丧葬文化中，老人去世后，亲人需要为其换上其生前自己准备好的或者由子女等亲人代为准备的特制足服，俗称"丧葬鞋"，民间也有称"出殡鞋""老人鞋"等。人们将美好的后世寄托在足服及其绣花、工艺上，保证老人去世后能够平安、顺利地到达阴间（或者到达天堂），同时也为来世的好运、繁荣和兴盛奠定思想寄托。

这种保证和寄托首先表现在鞋面和鞋底的独特绣花纹样上。其中最常见、最具代表性的当属荷花纹样（图4-20），荷花是表现民间宗教教义的主要纹样形态，它是佛教教义中圣洁的植物，其宗教色彩尤为浓厚，广受尊崇。《阿弥陀经》中所载西方极乐世界的"圣湖中每朵开放的荷花被视为一个灵魂的居所""特别虔诚的人死后荷花会为他立即开放，佛会立即接见他云云。由于对这些神圣而辉煌的境界之向往，中国民间若有人死去，多要'头枕莲花，脚跺莲花。'"所以，莲花具有象征永生、复活和保佑生命再生之意。如图4-21所示，其鞋底从右至左依次绣有莲根、莲

图4-20 "丧葬鞋"上的荷花纹样
（江南大学民间服饰传习馆藏品）

叶、莲花、莲子、天梯、照明灯、日、月、星、云、天灯十一种物象。将这些看似无关的事物联系起来便是：去世后老人脚踩着莲花，在佛家和道家圣花的庇护和保佑下，登上天梯，灯笼照明，穿过日月星云，最后顺利到达天灯（天堂）。整个鞋底图案深刻地寄托着老人与亲人的情感和意愿：脚绣莲花步步上，多积阴德盼还阳。❶此外，还有一些保佑老人升天的人物场景纹样。

保证和寄托还表现在"丧葬鞋"的制作工艺上，主要表现在"鞋拔子"和鞋底的制作上。针对老人（妇女）去世后"鞋拔子"的制作，在颜色选择

---

❶ 王志成，崔荣荣. 民间弓鞋底的造型及功能考析[J]. 艺术设计研究，2017（3）：51-52.

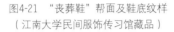

图4-21 "丧葬鞋"帮面及鞋底纹样
（江南大学民间服饰传习馆藏品）

图4-22 "丧葬鞋"鞋底纹样与红色"鞋拔子"
（引自钟漫天中华鞋文化 [M] .北京：中国轻工业
出版社，2016）

上有讲究，只有生前生过儿子，顺利完成传宗接代❶任务的老妇人才能有权利穿上带有红色"鞋拔子"的鞋（图4-22）。生了女儿或者不能生育的老妇人穿的"丧葬鞋"上不可选用红色，只能选用别的颜色。

　　针对鞋底的制作，笔者在苏北（江苏北部，传统属江南文化地域）调研传统民间纳鞋底手工艺时意外发现此地"丧葬鞋"的鞋底纳线很有讲究。因为一般"丧葬鞋"的鞋底与室内穿的鞋一样，如图4-20～图4-22所示，基本不会采取纳线的工艺处理，取而代之的通常是一些独具民俗寓意的纹样装饰，人们可能认为"丧葬鞋"与室内鞋一样，都不是下地劳作穿的实用鞋，因此对于鞋底的耐磨性几乎没有要求。但是在苏北地区恰恰相反，人们通常不在"丧葬鞋"的鞋底上刺绣纹样，依旧以纳线处理，只是纳线的方法与前面论述的"投门子"纳线工艺不同，采取一种"针针断线打疙瘩"的纳线工艺：穿针引线后先在线尾打一个疙瘩，然后针从鞋底外侧（穿时朝地一侧）刺进内侧，再从内侧刺向外侧，最后再打一个疙瘩，断线。不同于一般纳线留下的一条条平顺的线迹，此工艺纳满的鞋底留下的是一个个凹凸的疙瘩。如此做法有两种说法，一是布满鞋底的线疙瘩，能够保佑老人到阴间"游走"的时

---

❶ 传宗接代，即延续祖宗门户，传延宗族，接续后代。旧指生了儿子才可以使家世一代一代传下去。出自清代李宝嘉《官场现形记》第四十九回："自己辛苦了一辈子，挣了这分大家私，死下来又没有个传宗接代的人，不知当初要留着这些钱何用。"

候不跌倒，起防滑的作用；二是针针断线的做法，使人们在制作的时候，通过断线中"断"的这一动作来寓意从此与亲人断去联系，阴阳两隔，借以表达对逝者的不舍、惋惜以及悲恸之情。

二、民间足服里的情感表达

足服，除了在结婚和丧葬这两大人生的重大时刻扮演着举足轻重的传情达意作用外，在传统民间人们的寻常生活中，也是表达、倾诉、传递和寄托情感的一块十分重要的文化阵地。在传统的汉族民间足服里，浓缩着大量的情感内涵。

（一）"驱邪庇护"情感

我国汉族广大民间一直保持着小孩穿着"虎头鞋"的习俗，这种习俗正是满足人们心理驱邪的精神感受。小孩子的出生是古代中国民间最受重视的事情，有的地方都要祭祖以谢天地，同时举行满月仪式，有民谣为证："三天就怕马牙子，七天又怕七朝疯，十二天小满月，为娘才放一点心。"由于以前医疗条件有限，自然环境比较恶劣，孩子的成活率较现在低很多，所以，民间才借以各种民俗手段，如给孩子披红罩衣、戴长命锁、项圈，穿虎头鞋、猪头鞋，戴虎头帽等来保佑孩子健康、活泼地成长，从而在精神上取得慰藉和心理平衡（图4-23～图4-26）。

此外，在民间服饰中特别是儿童的服饰品种还会看到猪的形象，特别是猪头鞋（图4-27、图4-28）应用较广。猪，在家畜中与人类的关系最为密切。古代，猪是财富、勇敢、生育的象征。俗语有"富的像肥猪流油""猪浑身是宝"，而猪本身就是一个硕大的元宝形，所以，猪是常用的旺财吉祥图腾之一。在上古时期，猪也是代表勇敢的标志。野猪性情凶暴，善于搏击，于是基于这一特点，猪便含有"勇往直前"的意思。同时，古代生育是人们非常重视的事情，人们羡慕猪的生育能力。因此，儿童猪头鞋，采用刺绣、贴布的方法在鞋头部位做出猪的五官，形态憨厚可掬，大人给孩子们做上这样一双猪头鞋穿上，希望孩子从小到大像猪一样好养不生病，无忧无虑地成长，是民间"驱邪庇护"感情的深刻表达❶。

---

❶ 崔荣荣. 汉民族民间服饰[M]. 上海：东华大学出版社，2014.

图4-24 民国民间虎头鞋
（加拿大纺织品博物馆藏品）

图4-23 汉族民间穿虎头鞋的男孩
（Sinry D.Gamble先生摄于1917年）

图4-25 虎头鞋工艺品
（江南大学民间服饰传习馆藏品）

图4-26 现代老太在制作传统虎头鞋
（笔者摄）

<table>
<tr><td>图4-27 猪头鞋</td><td>图4-28 汉族民间猪头鞋</td></tr>
<tr><td>（江南大学民间服饰传习馆藏品）</td><td>（加拿大纺织品博物馆藏品）</td></tr>
</table>

（二）"生殖崇拜"情感

生殖崇拜，就是对生物界生存和繁衍能力的一种歌颂和期望，人们以此表达对生殖繁衍能力的赞美与向往、对美好幸福生活和兴旺发达事业的追求。在古代，表现男女情感生活与交流一直比较隐晦，男女从相识、恋爱、情感交流都隐喻在各种民间艺术如剪纸、刺绣等图案的意涵中，只可意会，不可言传。

因此，民间足服里的"生殖崇拜"首先表现在以两性情感为创作主题的题材上。民间足服纹样中表现汉族"生殖崇拜"情感内涵的主要有"蝶恋花"纹样，"凤戏牡丹""凤求凰""凤穿牡丹"系列纹样，"鱼戏莲""鱼穿莲""莲生贵子"系列纹样。闻一多先生在《说鱼》一文中这样说："这里鱼喻男，莲喻女，说莲与鱼戏，实等于说男与女戏。""鱼穿莲"寓意男女交合，"莲生贵子"则是生子延续后代，并且需要接二连三地重复这种生殖过程以延续和壮大家族的香火。还有象征爱情永恒的"鸳鸯戏水"等形式。"蝶恋花"喻示年轻人的爱情表现和诉求；"蝶探莲"中"蝶""鱼"隐喻男性，莲隐喻女性，"蝶恋花"、"凤戏牡丹"、"凤求凰"（凤为雄，凰为雌）、"鱼戏莲"等是隐喻男女相知相爱，更有甚者将蝴蝶、凤凰与牡丹一起组成求爱场景，"蝶探莲""凤穿牡丹""鱼穿莲"等暗示男女交欢延续生殖，"莲生贵子"则是生殖文化最终的圆满结果呈现。实际上，这等于展现了一个完整的生殖文化过程。其他还有"莲与鸟""鱼与鸟""群鱼闹莲"等纹样同样也是表达整个从男女的相识、相知、相爱到结合与生殖延续的过程。

其次，足服里的"生殖崇拜"是"乞子情结"衍生的社会行为，追求的"多子"情结，认为只有"多子"才会世代绵延，才会香火不断。"多子"意

识成为中国家族观念的坚定信念，民间通过各种显性的和隐性的文化与艺术方式宣扬和赞颂这一永恒的观念意识。在民间足服装饰中也保留了很多隐喻男女情感的纹样：如意云头形象象征男性，菱形孔或莲花象征女性，象征生殖性主题的纹样主要有鱼莲纹、鸡兔纹、石榴牡丹纹、葫芦扣碗纹、娃娃纹、蝴蝶纹等。再如莲藕纹样是对自然的乞子行为，葡萄纹样是表达祈求"多子"的良好愿望，鱼也是多籽（子）的象征，"瓜瓞绵绵"纹样则是希望子嗣世代繁荣的寓意。此外还有麒麟送子纹样，表达对孩子未来美好前途憧憬的情结。

（二）"祈富求名"情感

"祈富求名"就是对功名利禄的祈求，因为"名"即"功名"，"富"即"利禄"。在传统汉族人的价值观念中，功名和利禄常常是共生互融的，禄是步入仕途后所得俸禄的意思，引申为只要求得功名以后就可以财富滚滚，客观地反映了民间大众对富裕物质生活的渴求和向往。

传统足服里"祈富求名"情感的表达向来十分常见，常见的有"花开富贵"的牡丹花及其组合纹样，以比较含蓄的谐音手法安排一些其他动、植物等，使之形成组合：以玉兰花和海棠花簇拥着牡丹，构成"玉堂富贵"或"满堂富贵"；以金鱼、海棠、童子等构成"金玉满堂"；以花瓶插牡丹花，旁衬苹果等构成"富贵平安"；以常春藤和牡丹构成"富贵长春"；以桂圆和牡丹构成"富贵姻缘"；以山石、梅花和牡丹构成"长命富贵"；以大公鸡和牡丹构成"功名富贵"；以白头翁鸟和牡丹构成"白头富贵"；以猫、蝴蝶、山石和牡丹构成"富贵耄耋"；以蔓藤类枝蔓和牡丹构成"富贵万代"；用水仙和牡丹构成"神仙富贵"；以芙蓉花和牡丹构成"荣华富贵"；若以鹭鸶和芙蓉花放一起，就成了"一路荣华"。

此外，民间足服里浓烈的"祈富"情感还表现在铜钱纹样的广泛实用上，如图4-29所示，用白色的棉线在黑色的鞋底上"黑白鲜明"地纳满了铜钱纹样，并且在构图上是四方连续的方式，表示着无穷无尽的铜钱，象征无穷无尽的财富。"钱"与"前"字谐音，而且老铜钱呈圆形，中间有孔眼，所以寓意为"眼（钱）前"，象征发财致富就在"眼前"，说明古人是任何时候都不放弃表达"祈富"思想的，即使是最隐蔽的服饰品。直观表达"祈富"情感的民间足服纹样还有很多，图4-30就是以直接的文字"五彩进宝"来表达求富的目的。

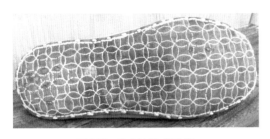

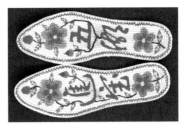

图4-29 鞋底纳满"铜钱"　　　　　图4-30 鞋底上的"五彩进宝"
（钟漫天先生藏品）　　　　　（江南大学民间服饰传习馆藏品）

（四）"祈福益寿"情感

在黄河流域的大部分地方，女人们大都会做绣花鞋垫。姑娘给情人做、妻子给丈夫做、母亲给儿子做，她们将亲手绣出的祝福移于亲人脚下，好让他们平安、稳健，根深叶茂。在旧时民间的日常生活中，男人从小到大都被视为一个家庭的主心骨，也就是家庭这棵绵延不息的生命树的主干部分。因为生活的艰辛，男人们必须不停地劳作，甚至背井离乡外出谋生，因此这双脚也是最为苦痛和孤独的。与此同时，和他们相濡以沫的女人们，很自然地便要祈求神灵护佑他们，并以她们熟悉的通神的方式，精心地为心上人或亲人绣制出她们深信不疑的、带着她们的祈愿和情思的通神样式——吉祥符图，这种符图样式带有圆满而丰盛的图画、符号，甚至是直截了当的文字表白。例如，在鞋底中心绣上"正"字，意思是以正压邪，希望自己真诚的感情保佑丈夫或儿子等亲人度过各种艰难历程而胜利前进，同时在正字四周绣上"回"纹，希望外出的亲人早日归来。可见，民间文化的祈福情感广泛地根植于人们的亲情之中。

除了对晚辈或者夫妻之间的祈福情感，民间对长辈也有着深厚的祈福情感，并且这种祈福是与"益寿"共生的，在足服上主要表现为"添寿鞋"。中国人自古就有为老人做寿的传统，在汉族民间的很多地区晚辈们为老人准备的寿礼当中，一双制作精美的寿鞋往往是必不可少的。在四川江油市给老人做寿时，已出嫁的女儿需要回娘家为老人送上"添寿鞋"，为老人祈福益寿。在浙江新昌县，不仅女儿要为寿星做鞋，孙女、侄女辈的也要为寿星送上亲手做的"添寿鞋"，以示孝敬。❶

---

❶ 钟漫天．中华鞋文化[M]．北京：中国轻工业出版社，2016．

第三节 地域视野下的民间足服文化

　　足服，在物理上作为与地面离得最近的服饰品，与地理环境有着紧密的联系，蕴藏着一定的地域文化，而汉族广袤又复杂的地域分布及构成也使得这种"蕴藏"显得更加丰富和多元。因此，本节拟以地域为视角，首先选取北方文化积淀深厚的典型地域——齐鲁地域和南方吴越文化的中心江南水乡地域作为研究对象。二者都位于我国东部沿海，具有汉族南北地域文化的典型代表性和可比性，是研究汉族民间足服文化多样性、地域性和符号性的最佳地域。其次聚焦汉族的两个特殊族群——闽南惠安女和广西高山汉族，解读其在特定自然地理环境下衍生出来的极具地域特色的足服文化。

一、齐鲁地域的足服文化

　　山东，古称齐鲁，是中华文明的重要发祥地之一，在这块土地上诞生和发展起来的齐鲁文化，是中华民族传统文化的瑰宝。齐鲁文化是对春秋战国时期齐文化、鲁文化的总称。它们孕育于西周初年齐、鲁建国之始，生成于春秋，繁荣发展于战国，至汉代被吸收兼容。春秋战国是中国历史上思想活跃、百家争鸣、人才辈出的伟大时代，此间齐鲁大地涌现出一大批贤哲圣人，如孔子、孟子、曾子、子思、墨子、管仲、晏婴、孙子等。他们为了寻求天下大治、强国富民之道，开宗立派，标新立异，纷纷构建自己的思想理论体系。这些思想理论相互渗透与扩展，逐渐形成了齐鲁文化的主体内容和鲜明特色，这就是以"人"为本，以"仁"为核心，以"和"为贵，以"礼"为形式，以"天人合一"为目标，以"因时变革"为灵魂。浩浩荡荡的齐鲁文化思潮，深刻影响了诸侯国统治下的整个社会，猛烈冲击了传统的宗法等级专制统治秩序和思想意识形态，并成为此后两千多年中国传统文化的主体。从这个意义上讲，齐鲁文化虽然不能等同于中国传统文化，但中国传统文化的主要源头和思想精华则出自齐鲁文化。❶

---

❶ 崔荣荣. 近代齐鲁与江南汉族民间衣装文化[M]. 北京: 高等教育出版社, 2012.

在齐鲁文化影响下，我国汉族民间足服深深打上了齐鲁地域文化的烙印。江南大学民间服饰传习馆收藏有近代齐鲁地域各类鞋子35双和2双破损的没有鞋帮的天足鞋的千层百纳鞋底。其中弓鞋23双，放足鞋8双，天足鞋4双。弓鞋中除了1双为棉鞋外其余都是单鞋，所有弓鞋均为绣花鞋，尺寸大小介于15～18厘米，也就是说介于4.5～5.5寸，形制有两种，即尖头细长型弓鞋（18双），圆头细长型（5双）；放脚子棉鞋2双，单鞋6双，有5双是绣花鞋，其余无装饰，为单色素面，形制也有尖头细长型、圆头型两种，其中尖头细长型1双，长23厘米，相当于6.9寸，圆头型鞋7双，都是21厘米长，相当于6.5寸；天足鞋中有3双绣花鞋，尺寸在23.5～26.5厘米，相当于7.05～8寸，宽度在8.5～10厘米，符合现在的正常脚型尺寸。从统计的数据来看，在近代历史上齐鲁地区的足服仍然以传统的弓鞋为主，并且以尖头细长的"柳叶形"弓鞋（图4-31）为主，这与齐鲁地区传统文化的根深蒂固有很大的关系，这也成为研究齐鲁民间服饰文化地域特色的标志性符号语言。从"柳叶形"弓鞋的造型来看，其"尖、小、细"与缠后弓足的审美标准完全一致，可以说"柳叶形"弓鞋和高底弓鞋一样，是缠足后服用的最标准、最典型的弓鞋造型，齐鲁地域存在和遗存的大量"柳叶形"弓鞋足以证实传统封建礼教思想架构下的齐鲁地域汉族民间对缠足习俗的广泛践行。

图4-31 齐鲁地域"柳叶形"弓鞋
（江南大学民间服饰传习馆藏品）

齐鲁地区民间另一特色足服是"禅鞋"。"禅鞋"俗称"三叉子鞋""牛鼻子鞋""夹鼻子鞋""大鞋"，民国时期流行于齐鲁山区，最大的特点是鞋底厚，鞋帮用粗线密密麻麻纳过以增强硬度和牢度，鞋底比鞋帮长大约6厘米，长出部分呈三角形，制作时用蒸汽馏软，然后扳弯后与鞋帮紧扣，使前脚面形成形似"牛鼻子"形状并缝出棱角——俗称"锁梁"，后跟装"鞋提跟"以便穿着，此鞋尤其结实耐穿，适合爬山和在荆棘中劳动时服用。

另外，齐鲁地区的割绒绣花鞋垫也是很具有地方色彩的（图4-32）。割绒鞋垫于清末民初

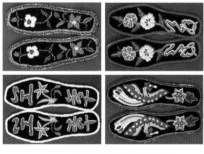

图4-32 齐鲁地域割绒绣花鞋垫
（江南大学民间服饰传习馆藏品）

时期在齐鲁大地十分流行，山东省临沭县的地方资料记载："清末至建国初，男女均穿纳底圆口布鞋，着手工缝制粗布袜，女鞋足头处有绣花或割花。"割绒纳绣鞋垫属于中国传统手工鞋垫的一种，起源于山东沂蒙老区，目前在山东临沂、日照以及江苏连云港等地区农村尚有农家妇女制作。在传统民间，制作割绒鞋垫是齐鲁民间女子必学的一项"女红"，她们大都手艺精湛，能用五颜六色的绒线，在鞋垫上绣出牡丹、荷花、蝴蝶、鸳鸯、石榴、梅花等象形表意的纹样，做工考究、寓意深厚，饱含着女性情感，从中可以解读出浓烈而又婉约的齐鲁民间风情。山东地区的割绒纳绣工艺属于鲁绣的延续，但又不完全同于鲁绣工谨细密的风格，而是具有质感厚重、朴实健美的艺术特点❶。

二、江南地域的足服文化

历史上广义的江南地区定义初始于唐朝的江南道区划，泛指整个长江中下游的长江以南地区；狭义上的江南地区是以太湖周边为核心地带，包括苏州、无锡、常州和上海、杭州等吴语系地区，也包括南京周围非吴语系地带，而长江下游以北部分地区，如扬州等地区，虽然地理位置在江北，但其发达的经济、文化、教育和美丽富庶的水乡景象与江南无异，传统上也被看作江南核心地区；现代意义上的江南地区为长江下游南岸以及沿江区域，而苏州市周围区域由于纵横交错的河湖网络密布而被称为江南水乡地区。江南地区还包含太湖以南至钱塘江以南部分地区，如浙江的绍兴、宁波等地区。

江南地区历史上为吴越之地，这里气候温和，土地肥沃，河网纵横，雨量充足。得天独厚的自然条件和地理环境为该地区创造了丰富的物质文化。自古以来，吴越地区盛产麻、葛，纺织业十分发达，衣料生产水平独领风骚。由于该地区桑蚕业的发展，又使丝织品也成为人们制衣的重要原料。这都为吴越地区服饰文化的兴盛奠定了坚实的基础。吴越之地河流纵横交错，湖泊星罗棋布，水资源极其丰富，水稻种植十分普遍。《吴越春秋·勾践阴谋外传》❷载："春种八谷，夏长而养，秋成而聚，冬畜而藏"，可见早在先秦时期的稻谷品种已是多样。江南地区是典型的稻作文化的发源地，具有独特的自

---

❶ 陈蕾. 冀鲁地区民间传统割绒纳绣手工艺研究[J]. 装饰，2010（8）：90.
❷ 出自（后汉）赵晔著《吴越春秋》卷九，此书主要记载春秋末期吴越两国的历史。

然环境和生产劳作方式，既对相应足服的产生提供了可能性，也为人们的足服提出了不同的要求，从而使这一地区的足服形成鲜明的地域特色，创造了独特的人文与社会文化意境，并在历史演变过程中形成了独特的具有地域文化、人文环境、民族和民俗风情等典型地域特色的民俗足服文化系统。

　　江南地区民间足服是水乡稻作文化的重要外在表现形式，其独特的造型、结构和装饰工艺在汉族民间足服中独树一帜，具有典型的江南文化的代表性和符号标示性。江南水乡地区的绣花鞋极富特色，作为江南水乡服饰套系中的重要服饰部件，彰显了江南水乡独特的文化韵味，尤其是吴东地区的千层百纳绣花鞋，不仅具有写意的仿生造型形态，而且还具有精美、瑰丽多彩和富含吉祥深邃的民俗寓意的装饰手绣图案。千层百纳绣花鞋有"船形鞋"和"猪拱鞋"两种具体形式，而"船形鞋"和"猪拱鞋"都蕴涵着深刻的江南水乡地域文化。"船形鞋"，鞋头尖而且上翘，形似水乡特有的、带有小蓬的舢板船的船头部位造型（图4-33），整个鞋型也类似这种船的流线外形。这种船形绣花鞋穿着适用性很好，鞋底是"两段底"，在鞋底前半部分装上一块由细布经过密扎加工后呈三角形状的薄鞋尖，鞋尖上翘，走路轻巧、利索，故俗称"扳趾头"鞋，后来又在鞋底钉上两块皮是为了防潮湿（图4-34）。小船

图4-33　江南地域"船形鞋"
（江南大学民间服饰传习馆藏品）

图4-34　江南地域"钉皮船形鞋"
（江南大学民间服饰传习馆藏品）

是水乡的象征，是人们的主要交通工具，也是水乡渔猎的主要生产工具，它们的关系是非常紧密的，马觐伯先生认为当地"水乡河道交叉，出门行路常以舟代步……所以当地妇女穿的绣花鞋以船形制作，意为出门'路路通'、'一帆风顺'"❶。再加上当地自然的青蓝色彩搭配，当地人设计制作出了如此

---

❶ 马觐伯. 乡村旧事：胜浦记忆[M]. 苏州：古吴轩出版社，2009.

图4-35　江南地域"猪拱鞋"
（江南大学民间服饰传习馆藏品）

图4-36　江南地域"猪拱鞋"
（江南大学民间服饰传习馆藏品）

具有仿生寓意的地域特色足服。"猪拱鞋"的头扁圆而且略微上昂，形似猪鼻，故形象地称为"猪拱"绣花鞋（图4-35、图4-36）；猪是人类最熟悉和人类联系最紧密的家畜，代表着富贵，这两种生活中常见的形态与各种富含吉祥、喜庆的花形组合图案被巧妙地融进了服饰品的设计中，可见民间艺术创作的来源多是源于对自然生活的模仿与再现，同时也表现了一种美好的心理祈愿。

　　此外，收集的这个区域的11双"船形"及"猪拱"绣花鞋都是正常尺码的鞋。一般鞋的长度为23～26.5厘米，宽度为8.5～10厘米，穿着舒适方便，不束缚脚，适宜行走和劳动需要；与传统缠足习俗的"三寸金莲"弓鞋形制相违背，这又是江南水乡地区服饰的特色之处，在收集这个地区的民间绣花鞋时没有发现小脚"三寸金莲"，可见这种正常尺码的鞋在这个地区已经非常普及；而除此以外的江南水乡地区仍然可以看到裹脚鞋的影子。从图4-37两双民国绣花鞋可以看出，主人年少时曾裹脚，绣花鞋尺寸明显较"船形鞋"和"猪拱鞋"细小许多，长度为18.5厘米，宽度也只有6.5厘米。随着民国时期"西风东渐"的影响，女性裹脚的习俗和这种病态的审美观也逐渐消退，但是各种花卉的吉祥寓意的内涵却没有改变，一直延续至今。

　　绣花鞋的图案同样很有地域风情讲究，且各有寓意。所表现的民俗文化内涵大多也是表达吉祥和美好愿望寓意的，如缠枝牡丹图案的构成，主体图案是牡丹花形，嵌绣有蝙蝠、寿桃、荸荠和梅花，取其谐音"福寿齐眉"，且制作者故意将这四种图形隐藏于牡丹花周围，互相穿插，若隐若现，更是增添了一些情趣，此种花形组合一般用于新娘的绣花鞋。而年轻姑娘的鞋，由芙蓉、茉莉、梅花等花卉组成的"小梅妆"图案，梅取自吴语"妹"的谐音，

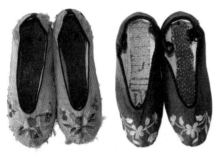

图4-37　江南地域的圆口绣鞋
（江南大学民间服饰传习馆藏品）

图4-38　江南地域的钉鞋
（江南大学民间服饰传习馆藏品）

吴地女孩通称小妹，意为祝福小妹❶。江南其他地区女子也有这样的习俗，只是图案有一定的差异，据绣花鞋的主人介绍，每一双鞋上的绣花图案和色彩都有风俗讲究，黑色那双为日常所穿，红色那双是她为自己百年以后准备的，鞋底上绣的是荷花图案，荷花亦叫莲花，是佛教和道教的圣花，是善和美的象征，同样也是民间宗教教义的一种精神寄托。另一方面，民间常常用一茎双花并蒂莲比喻坚贞纯洁的爱情和以莲花的盘根错节、枝繁叶茂寓意世代绵延、多子多福，这就是民间地域文化的差异。

　　此外，江南雨水很多，非常潮湿，道路泥泞湿滑，钉鞋（图4-38）防雨、防潮又能防滑，是非常实用的足服。苏州人把农历九月十三当作钉靴生日，要祭钉靴。这一天如果天晴，就有利于稻谷收获，如谚语有"九月十三晴，钉靴挂断绳"。吴县等地还有一种"耕田鞋"，它是用厚实的粗布制成，鞋帮不但高而且还用细密的针脚缝纳过，上面连着袜子，一直到膝盖。这主要是预防耕田时蛇虫的叮咬，也可防止脚底被锐物划破，这种"耕田鞋"笔者儿时曾经见爷爷穿过，现在已经很难见到。

三、闽南惠安女的足服文化

　　惠安女生活在福建泉州惠安县的东部沿海地区，因此又被称为"惠东女"，属于惠东族群，是百越族群的疍民经过长期与汉族融合而产生的汉族的一支特殊族群。惠安县，位于福建省东南沿海，东濒台湾海峡，南临泉州湾海域，北邻泉港区，属于亚热带季风气候，夏季长冬季短，终年气温较高，

---

❶ 徐亚平，崔荣荣. 民国时期江南水乡民间绣花鞋研究[J]. 丝绸，2005（9）：47.

降水丰富。由于特殊的地理环境，过去惠东的男子常年出海打鱼，或者远渡南洋谋生，"出门多，入门少"，因此家里的所有活计全都落在了持家的女人身上；这种习惯一代代延续下来，就形成了今天惠安女做重力活的习俗。虽然现在的惠安，男人们已经很少远渡重洋，打鱼的人也大为减少，但是陆地上的体力劳动依然以女性为主。❶林嘉煌在《惠东婚俗改革与四化建设》一文中称："她们下田播种、施肥、犁田、插秧，下海敲蛎、取蛏、抹海苔，驾小舟摇橹使桨、张帆把舵，在家织苎织布……无所不能。" ❷

惠安女足服文化的形成与这种海洋性环境息息相关。炎热潮湿且需要经常下水劳作的生活环境影响了惠安女的穿鞋文化，造就了其独具一格的"拖鞋文化"。没有后帮，只有前面鞋头的拖鞋，不仅穿起来舒适透气，利于散热，而且穿脱方便，便利了惠安女脱鞋下水劳作的需求。如图4-39所示从头到脚穿着传统服饰的惠安女们，无一例外地穿着塑料拖鞋，现代塑料材料的出现和应用也更加方便了惠安女的日常穿鞋。

在传统中，惠安女在结婚登花轿的时候会穿上一种特色的踢轿鞋，婚后回夫家或逢节日也穿，笔者在当地调研时得知当地人称这种鞋为"鸡公鞋"，也有称"凤冠鞋""踏轿斗""踩跷（轿）鞋"的。"鸡公鞋"的基本形制还是拖鞋，其鞋头向上高高翘起，造型与鸡头颇为相似，鞋底用废布层层重叠钉成，十分厚实，鞋帮采用红色的呢布制成，在鞋面上刺绣精美的花鸟装饰图案（图4-40）。在传统社会里，闽南惠安女这个群体沿袭了奇特的民俗——"早婚和长居娘家"，在现实生活中饱尝诸多难言的苦难和不幸，再加上男人主要从事海上工作，岸上一切工作便交给妇女，繁

图4-39　惠安女穿塑料拖鞋
（引自《惠安女服饰与刺绣》）

图4-40　惠安女"鸡公鞋"
（江南大学民间服饰传习馆藏品）

❶ 牛犁. 汉族特殊族群（惠安女和高山汉）女性服饰研究[D]. 无锡：江南大学，2014：11-14.
❷《崇武研究》编委会. 崇武研究[M]. 北京：中国社会科学出版社，1990.

重的农业劳作以及闭塞贫困的社会环境等诸多因素使得惠安女肩负着沉重的体力劳动和精神负累。然而爱美是人类的天性，在漫长的岁月里，惠安女通过刺绣纹样来美化朴实的足服，通过古朴的"鸡公鞋"来寄托长年累月对爱人的思念，这也是她们生活中主要的精神安慰和寄托。图案花纹丰富多变，色彩艳丽和谐，体现出惠安女独特的审美心理特征❶。

四、广西高山汉族的足服文化

高山汉族，即居住在高山上的汉族人。由于他们聚居在广西西北部的石山地区，被聚居在平坝地区的少数民族所包围，被人们称为"多民族聚居地区里的少数民族"，是独特的历史、地理、人文环境相互影响下的产物。高山汉族并不是当地的土著，高山汉族祖籍大多归属川、黔、鲁、湘、滇、鄂等地，有的至今只迁来四五代，前期来的有据可查的也不过十几代。大多是由于战争、天灾人祸、逃避官府拉兵以及新中国成立后响应党的号召支援山区建设等历史原因迁徙而来。高山汉族生活的地域，如隆林等，地处云贵高原边缘，地势高耸，重峦叠嶂，地形起伏不平，地貌复杂，形成山区多、水面少、陡坡多、平地少的特点，故有"地无三里平"❷之说。❸

由于恶劣的地理环境以及汉族女性勤劳俭朴的优秀传统，高山汉族女性特为吃苦耐劳，她们认为"天不整勤的，不爱懒的，专打不长眼的"，在过去，由于没有其他的经济来源，只有农耕的生活方式而石山上的庄稼产量极低，想要吃饱饭，必须要付出更大的努力。山歌里唱："三月说起去望娘，婆婆说是活路忙。我问婆婆忙哪样，婆婆说是下种忙。夜半三更催下地，不见星星不回房。四月说起去望娘，婆婆说是活路忙。我问婆婆忙哪样，婆婆说是插秧忙。太阳一背雨一背，头昏眼花体累伤……"可见生活在高山上的汉族人几乎一年从头忙到尾。❹

不管是高山上恶劣的自然地理环境，还是高山汉族人的吃苦耐劳，都直接决定了高山汉族足服必然具有极强的实用性能，否则根本不能抵御如此恶

---

❶ 崔荣荣，张竞琼. 近代汉族民间服饰全集[M]. 北京：中国轻工业出版社，2009.

❷ 《隆林各族自治县概况》编写组，《隆林各族自治县概况》修订本编写组. 隆林各族自治县概况[M]. 北京：民族出版社，2009.

❸ 牛犁. 汉族特殊族群（惠安女和高山汉）女性服饰研究[D]. 无锡：江南大学，2014：16-18.

❹ 同❸，第19-20页.

图4-41　高山汉族妇女足服
（江南大学民间服饰传习馆藏品）

劣的地理环境，不能满足高山汉族人户外劳作的需求。如图4-41所示，高山汉族劳动妇女穿的特色足服——"尖头鞋"，在造型上首先与汉族常见天足鞋不同，其鞋头尖尖的向上翘起，形态像一只粽子。鞋底是典型的纳鞋底工艺，并且层数很多，所纳之线也是很粗的多股棉线。鞋帮鞋底纳线的工艺，同样采取了多层布料进行叠加，并在上面纳制同样的线迹，以加固帮部件的耐穿性，只是帮面所纳之线相较鞋底稍微细一点而已。除了这种独具造型特色的足服，高山汉族足服还有一些其他的造型，如图4-42所示两双一字带鞋，但是它们的鞋底与"尖头鞋"一样纳鞋底，一样结实耐用。

需要指出的是，纳鞋底工艺虽然在包括齐鲁地域、中原地域、晋地域、吴越地域等在内的汉族所有文化地域内长期存在并应用着，但是由于传统汉族妇女严守并追求缠足习俗，恪守"男主外，女主内"、足不出户的行为规范，因此妇女的足服实用性并不强，纳鞋底的工艺也并不明显，如图4-43示出高山汉族与中原地域天足鞋的鞋底对比，以为佐证。

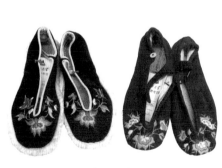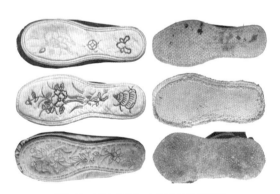

图4-42　高山汉族妇女足服
（江南大学民间服饰传习馆藏品）

图4-43　高山汉族与中原天足鞋底对比
（左为中原鞋底，右为高山汉族鞋底）
（江南大学民间服饰传习馆藏品）

第四节　传统女性缠足文化的符号思辨

传统"父权"与"夫权"体制架构下的中国古代妇女一生遵循在家从父，出嫁从夫，夫死从子的"三从"行为道德规范，依附、从属于男人的古代妇女是没有独立人格的。如此家庭、社会构建下的古代妇女身体被不断地物化、符号化。缠足作为其中极具代表性的行为之一，是古代妇女最普遍、最激烈、最深入人心的身体实践。从历史来看，汉族妇女缠足的行为方式一般被认为始于五代南唐，宋代开始推广，普及于元、明两代，鼎盛于清代早期与中期，最终"衰败"和"消失"于清末和民国时期。换言之，妇女缠足是一场由宫廷至贵族再至民间的自上而下、刻骨铭心的民族实践，逐渐演变成为传统社会中普遍被接受和追求的习俗，具有鲜明的普遍性。在此过程中形成了独特的缠足文化，并且成为传统封建社会文化形态的典型表征。

缠足作为一种文化实践，在诠释传统审美取向、规训妇女社会角色、传播两性生殖文化、宣扬传统封建思想以及保持本民族文化认同与特性等诸多方面携带十分典型的符号价值和文化意义。这也是缠足习俗能够在封建社会流传千年的主要原因。然而需要强调的是，伴随民国以后封建帝制的废除，尤其回归现代文明视野，缠足作为一项压迫、束缚、规训女性身心发展的文化陋习，及其衍生出以牺牲女性生理为代价的变态审美取向等，是封建性与落后性的集中体现，值得当下及今后的人们去反思与规避。

一、缠足文化的符号系统及能指语言

在符号学中有一对概念："能指"与"所指"。"能指"与"所指"原理是分析和解读事物表象与意象的重要方法。"能指"原指语言文字的声音及形象，引申为可观、闻、嗅、尝、触、感的具体表现层面，作为符号形式或表现。透过其实际传达出的内涵、价值、文化、意义等一切"不可感的"信息就是符号内容本身，即"所指"。"能指"语言和"所指"语义相互依存和作用，不可分割。因此，符号学视角下的中国传统缠足文化既是缠足妇女们日

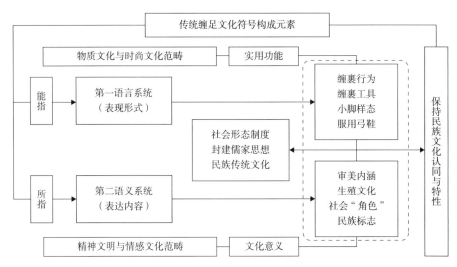

图4-44　传统缠足文化的符号构成系统示意

常生活方式的总和，也是表达传统社会文化的符号系统，是表现实用功能性的能指语言和表达文化性的所指语义的结合体，二者共同构建了传统缠足文化的符号系统（图4-44）。

（一）缠足的行为——方法与工具

缠足，顾名思义是将妇女双足通过一定的方法缠裹起来，以限制其生长，从而得到一双纤细瘦短的弓足。缠裹的方法是缠足最关键的内容。缠法通常分有"试缠试紧""紧缠"和"裹弯"三步，循序进行。"试缠"和"试紧"为缠裹第一步，"试缠"是将除大拇足趾外四足趾向足掌弯弓，仅留下大拇足趾以实现足"尖"❶的秘诀，缠好之后定期"试紧"，点点滴滴地将裹足布收紧，逐渐加大缠裹强度；第二步"紧缠"则将跖骨彻底按压于足底，此时足趾已被彻底折断、弯曲，是实现足"瘦"秘诀之关键；最后再加上"裹弯"便大功告成，用上浆的裹足布把足后跟向前推，足尖向后拉，使足底、足背上弓，形成"弯弓"之势，实现双足最后的秘诀——"小""弯（弓）"。❷

❶ 缠足的行为方式是基于缠成之后裸足的形态而实施的。关于裸足的形态评价标准说法较多，其中以"瘦""小""尖""弯（弓）""香""软""正"七字标准流传和接受最广，是缠足行为的主要依据。

❷ 冈本龙三. 缠足史话[M]. 马朝红，译. 北京：商务印书馆，2011.

172

图4-45 缠足凳
（江南大学民间服饰传习馆藏品）

图4-46 "脚铐"、夹板、沙子工具
（钟漫天先生藏品）

为了确保缠裹行为的顺利进行，人们发明了一系列的缠足工具。缠足布：宽约三寸，长约九尺的白色或蓝色布条。厚实耐磨，用来缠裹脚部，需定期收紧，日夜不松，是古时妇女缠脚最主要的工具，亦有"白绫"一说。热水：缠足前常以热水泡脚，活络经脉。民间也有用羊肚子（羊血）热脚一说，女孩将待缠双脚伸进刚刚宰杀完的羊儿肚内，利用羊体（羊血）高温热量软化脚骨。缠足凳：木制缠足专用工具。把幼女脚置于凳面，通过凳子上面的轳辘绷直、拉拽、上紧缠脚布，借力裹出又小又瘦的效果（图4-45）。夹板：一种木制矩形板，有大小之分。大夹板用于脚后跟的正形，使脚缠得"正"而不歪；小夹板用于大拇指，使脚夹得"尖"而不钝。沙石：选取具有锋利边缘的薄碎沙子，铺撒在足底表面，借助外力的按压刺破皮肤，使足底流血溃烂，易于缠裹塑型，见证了缠足文化中"不烂不小"的民间俗语，也有用"磁瓦"刺破足肉促其溃烂。"脚铐"：夜间休息时套在幼女缠足后的双脚上，固定和分离双脚，以备幼女因疼痛不适，双脚磨蹭交错弄散缠足布（图4-46）。明矾：又称白矾、钾矾。将明矾磨粉撒于脚趾之间，具有良好的抗菌、收敛、固脱效用，以防止和治疗小脚溃烂、感染。针线：密缝裹脚布。缠裹时，一面狠缠，一面密缝，紧紧连接和固定裹好的脚布，一点也不能松弛。此外还有睡鞋、棉花、剪刀、尺、夹板、汤药等其他工具。

从物态层面看，这些服务于缠足行为的专用工具（现保存下来的传世工具实物）是我国传统缠足文化的见证者和活化石。古时称借助这些工具进行的缠足活动为"缠足手术"。施缠者多为幼女母亲，若是童养媳，则为婆母，也有一些受聘的专业缠足妇女❶。《镜花缘》记载："始缠之时，其女百般痛苦，抚足哀号，甚至皮腐肉败，鲜血淋漓。当此之时，夜不成寐，食不下咽。"《盛世危言·女教》篇："迫束筋骸，血肉淋漓，如膺大戮，如负重疾，如构沉灾。"❷可见在实行"手术"之际，幼女的生理和心理时刻面临着巨大的挑战，这种生理上的痛苦是十分强烈的，心理上的打击是十分深刻的。从这个角度看，这种残忍的缠裹行为和工具成为清末以来人们频频数落缠足"罪孽"的凭据。

（二）缠足的表现——"三寸金莲"

关于传统妇女的双足，民间乡俗传："足缠成者曰'金莲'，幼女未缠之足为'足秧'。"这里"足秧"隐含着缠足行为的即将开展。但是无论"足秧"良劣，缠裹行为标准是不变的，对于先天条件较差的"足秧"进行缠裹的时候，实行标准甚至更加严苛。"三寸金莲"向来是缠后小足的代名词。在历史上和当下，"三寸金莲"因其小巧玲珑、怪诞离奇的造型为看客们所津津乐道，可谓无人不知，无人不晓（图4-47）。其实人们认识中的"三寸金莲"多

图4-47　缠后脚的视觉形态照片
（Peabody & Essex博物馆藏品）

指妇女缠足后所蹬弓鞋，而"三寸金莲"是对缠得标准和美妙弓足的美称，并非指弓鞋服饰品。"三寸金莲"亦非自缠足时即有之，历史上缠后弓足经历由"纤直的小足"到"三寸金莲"的形态演变。"三寸金莲"是缠足习俗发展鼎盛时期的产物，基本上在元代以后才开始出现。

虽然"三寸金莲"已经成为缠后弓足的基本范式和普遍准则，但是实际情况不尽如此。传统乡间母亲为女儿缠足，未必非"三寸"不可。大概将缠成之足顺放在成人手掌上，两头不出梢即为适宜的长度，这便是一双"好足"了。尺寸较小者称之"小三寸"足，较大者称之"大三寸"。除了"小"外，

❶ 高洪兴. 缠足史[M]. 上海：上海文艺出版社，2007.

❷ 夏东元. 郑观应集·盛世危言（全二册）[M]. 北京：中华书局，2013.

"正"是"金莲"的另一个标准。普通民间农家之女仅求足"小"尚可，而讲究的人家要力求足"正"。如前所述木夹板工具的发明使用即为了求其"正"。对于那些缠歪了的小足会被周围的人讥称为"镰刀足"。

此外，在一些妓院，老鸨为年幼的雏妓缠足，在追求小足"小"和"正"的视觉形态标准的同时，在手感上还要求其达到"软"的特性。城内一些富人家为养女（童养媳）缠足时也是如此，缠完足后用农家木制锤布所用的棒槌敲打足趾等骨头与关节处，使骨位失轨错位以达到绵软的把玩效果。

如是可见，"小""正"与"软"是缠成双足评价语系中最主要的三点，或是"最得民心"的三个评价标准。姚灵犀编《采菲录》中孟女士在《莲钩痛语》里回忆自己："每于灯下自审双足，其状如钩，肌肤娇嫩，呈落折痕，踵跟沿边生胝半周，拇指独翘，四指斜倒。回忆六七年前，本为天足，今忽变此畸形，设有未知缠足之习者见之，必不信为人足也。"❶这便是缠成的"金莲"形态，只是孟女士所处的民国时期正值妇女解放思潮与放足运动轰轰烈烈开展之时，她对缠足已明显持批判的立场和态度了。

（三）缠足的服用——弓鞋

在幼女还未缠足时，其鞋履样式与男童基本一样，只是在图案与色彩配置上略作区分。等到缠足时，作为缠足的外在表现形式，弓鞋的表现是依附于缠足形态而存在和变化的。随着小足逐渐缠束的越尖越纤，鞋也逐渐变锐变弓，最终使双足能够穿上以柳树木底制作的高底弓鞋，其造型峭如棱角，是实现弓鞋"弓"之关键特性的典型样式（图4-48）。缠足风俗虽然至明朝中期已在民间普及，但民间制作的弓鞋造型仍以平底为主，17世纪前的木底高跟鞋实物还尚未发掘，直至崇祯末年，高底弓鞋才开始出现。至清代，能够穿上高底弓鞋已

图4-48　高底弓鞋
（江南大学民间服饰传习馆藏品）

经成为妇女缠足所追寻的终极目标。《采菲录》载幼女缠足后其"足渐尖纤，履亦渐锐渐弓，终则木底弓履，乃峭如菱角，完全其缠事也。"书中双琴女士

---

❶ 姚灵犀．采菲录[M]．上海：上海书店出版社，1998．

忆："母见吾足已可观，遂赶制木底弓鞋令吾换易。"根据缠足妇女口述，她们一般在12~15岁，待双足缠得"弯弓"效果后立即换蹬木制高底弓鞋。弓鞋加上高底之后，给时人带来一种新的视觉乐趣，清初学者刘廷玑（永历七年生）称："鞋之后跟，铲木圆小垫高，名曰高底。令足尖自高而下着地，愈显弓小。"高底的作用不仅在于造成视觉上的错觉，还在于其对弓足的适用功能美学，这种向上弯曲的鞋底贴合了向上凹陷的足底适应了缠足妇女的生理结构特征，某种程度上弥补了缠足给妇女带来的生理不便。

综上所述，缠裹行为作为缠足的第一环节，其方法和所使用工具为后面弓足的形成和弓鞋的制作奠定了坚实的基础。同时妇女缠足后的弓足样态和所蹬弓鞋表现出的"瘦、小、尖、弯、香、软、正"等评价标准和艺术效果反作用于第一环节，不断地要求和推进着缠裹活动的进行，架构出传统缠足文化符号能指语言的循环系统，并且这是一个恶性循环。基于这种具有典型和独特形象特征的传统缠足文化能指表征系统，本节意图指出由诸多代表性文化语义所指的表意系统。

二、缠足文化的审美符号语义

缠足文化作为一种审美文化的符号所指，历经了由缠裹塑型到弓足表现，再到弓鞋装饰，进而到"神秘"之美和"楚楚动人"气质的三种审美流变形式。在这一过程中，其实用功能被不断弱化，审美功能被不断强化，最终使缠足成为一种以全面实现妇女身体审美和欲望功能为目的的载体。

审美流变期间，文人雅士对于缠足的欣赏与痴迷起着推波助澜的作用。宋有朱淑真《绣鞋诗》："朵朵金莲夺目，衬出双钩红玉"；[1]元有商挺《潘妃曲》："小小鞋儿连根绣，缠得帮儿瘦"；[2]明有唐伯虎《挂歌》："第一娇娃，金莲最佳"；[3]清有马少莲《咏金莲》："三寸圆趺软似棉，抛将罗袜坐床前"；等等。透过这些，一个端庄稳重、文雅秀丽、弱不禁风、楚楚动人的缠足妇女审美艺术形象浮现了出来。与此同时，博大精深的汉字对于缠足的艺术熏衬也让人浮想联翩，如平、圆、直、曲、窄、纤、细、锐、稳、称、轻、薄、

[1] 朱淑真. 朱淑真集注[M]. 魏仲恭, 辑. 郑元佐, 注. 北京：中华书局, 2008.
[2] 关汉卿, 等. 元曲[M]. 南昌：江西美术出版社, 2012.
[3] 陈优, 曹惠民. 唐伯虎诗文书画全集[M]. 北京：中国言实出版社, 2004.

安、闲、妍、媚、艳、弱、韵、腴、润、隽、整、文、武、爽、雅、超、逸、洁、静、朴、巧、妙、秀等。人们以此来观察缠足的外在形态与缠足妇女的内在仪态美，审视所谓缠足艺术和体会缠足的审美内涵。这种由残弱柔顺的外在形态所表现出的"楚楚动人"的内在仪态美是对缠足审美文化最深刻的总结，并且这种内外兼备的审美文化完全符合宋朝以后整个封建社会所推崇的以妇女文弱、细瘦为美的审美趋向。

而对于"神秘美"，也称"隐秘美"和"遮蔽美"的审美观念主要体现在两个方面：一是妇女缠足后弓足不轻易示人，专供家夫品鉴欣赏的习俗，并且这种欣赏也是偶尔的，一般弓足都要有包裹装饰之物，如弓鞋、睡鞋、袜等，表现出强烈的隐秘感；二是从服饰搭配的角度来看，妇女缠后足蹬之弓鞋须遮蔽在及地长裙或裤内，不宜显露于外，只有鞋尖偶尔伸探出来。弓鞋上图案装饰多设置在鞋头部位也是出于此服用习惯，可见缠足文化所蕴含强烈的神秘之美。

然而，回到现代社会的审美语境中来，如是传统缠足文化通过压迫、摧毁和牺牲妇女双足为沉重的生理代价而携带的迎合封建社会主流审美文化，即所谓"合时宜"的审美取向是不健康、不合逻辑和畸形变态的，是对审美欲望符号的盲目追寻。

三、缠足文化的生殖符号语义

生殖文化的主体活动——生殖崇拜，是封建社会中最重要的民俗文化活动之一，人们以此表达对生殖繁衍能力的赞美与向往、对美好幸福生活和兴旺发达事业的追求。

清代李渔将女人的小脚喻为白天"怜惜"，夜上"抚玩" ❶;《莲妙》中也有："增人欢爱、百玩不厌之三寸金莲是也"，也隐喻传统礼教文化中男性的主导地位，而现如今在较闭塞的山区这种传统仍然在延续。笔者2005年6月在山东淄博的峨庄进行民间调查的时候，在一家小店里遇到一对老夫妇，老妇人脚上就是穿的自己亲手绣制的"三寸金莲"，鞋头上绣有一枝花比喻女子像"一枝花"那样美丽，笔者想收购老妇人脚上的"三寸金莲"，老妇人在笔者动之以情、晓之以理中终于答应，可是她的丈夫无论笔者怎么做思想

---

❶ 李渔. 闲情偶寄[M]. 江巨荣，卢寿荣，校注. 上海：上海古籍出版社，2010.

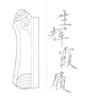

工作就是不答应，甚至笔者买了他们小店好多自己根本用不着的东西以示诚意也未能如愿。可以想象，在这位老人的心中，那双"三寸金莲"意味着什么。

在特定场景下，缠足弓鞋本身就携带"性教育"语义内容。如前所述，传统新娘新郎在洞房花烛夜的时候，会拿出一双在鞋底上画有表现男女床笫之事纹样的弓鞋，进行把玩、观赏和效仿学习。这与儒家文化所持隐晦封闭的性文化教育理念有关，如此习俗着实体现出缠足文化所隐喻的生殖文化。此外，除了可以携带性文化语义内容之外，缠足文化也可以作为被创作的对象出现在各类传统性教育之中，如《清明上河图》中宋代富人花园荡秋千的缠足妇女形象，唐伯虎系列画作中缠足妇女形象以及著名的《金莲传情图》主题画作等。

四、缠足文化的妇女社会角色符号语义

封建社会中的妇女在其一生当中一般会有三种身份：为女、为妻（为妇）和为母（为姑），即父亲的女儿、丈夫的妻子和儿子的母亲，而这三种身份皆依附于男性而存在，即父亲、丈夫和儿子。父家和夫家是古代妇女最重要的生活场所，"足不出户"是对其最精辟的生活写照。房内的中国传统妇女时时恪守着由礼教、法律和习俗所规定的各种规范，如性别秩序、长幼秩序、内外秩序、阴阳秩序、身份秩序等。基于此，缠足文化显示出十分典型的传统文化社会性表征，拟从古代妇女自身、家庭和社会三个方面依次对缠足文化的多项符号语义进行具体的解读。

（一）妇女自身形象塑造

封建社会对于妇女的种种规范是由男性制定的，其中"阴阳"秩序至今仍然深入人心。对于"阴阳"，《周易》里讲，阳是刚强的，阴是柔弱的，阳是热的，阴是冷的。后代的班昭在《女诫》中赋"阴阳"予"男女"："阴阳殊性，男女异性。阳以刚为德，阴以柔为用，男以强为贵，女以弱为美。故鄙谚有云：'生男如狼，犹恐其尪；生女如鼠，犹恐其虎。'"为此，传统观念中妇女对于自身的角色定位和价值取向与缠足所承载的秉性和妇女化特质是一致的：婉约柔顺、弱柳扶风的仪态，颤颤巍巍、扶墙摸壁的步态。妇女在依据男性规范标准进行性别和自身形象认同过程中，完成了自身妇女气质

和角色的塑造与建构，满足了男权文化对于妇女的期待❶。

从主动的角度来看，正如《战国策·赵策一》中豫让所叹："嗟乎，士为知己者死，女为悦己者容。"缠足与其说是外界对于妇女的束缚，不如说是妇女自身的心悦诚服，是妇女自身的价值追求，是妇女自身对于"阴阳"秩序全面、深刻的实践，另一方面也是社会对于妇女的"保护"，作为来之不易的"展示平台"使其更加体面、自信和优越地生活于封建社会。这与美国学者高彦颐（Dorothy Ko）博士以西方童话中的"灰姑娘"类比中国缠足妇女形象充满着梦想与欲望，证明其非无辜、非压迫性的自尊和特权体现的研究结论是一致的。❷一方面，男性的眼光和欲望在某种程度上左右了妇女的缠足选择与缠足实践；另一方面，妇女也以自身的方式和努力迎合着缠足的行为，通过对弓足进行悉心的呵护和照料，并运用弓鞋的遮蔽策略和颤颤巍巍的身体形态等引起并掌控男性的注意和欲望。❸

从被动的角度来看，在有利于婚配的情感和利益的驱使下（这种驱使是强制性的），妇女也必然选择接受。《妇女杂志》李一粟言："男尊女卑的观念既然像铁桶般在人们的心坎中铸就着，于是女子便为人所玩视，即使自己的父母，也深信女儿确是一种货物。为了及早嫁掉，所以横心直肠地替她死缠活裹，使成为纤纤的小脚。因为做父母的要是能够把女儿缠起纤小的脚，无论任何是不怕没人要的。"在整个社会皆以妇女缠足与否为择偶标准的环境下，并且这是唯一的标准，妇女对于自身形象的塑造意向是没有选择的。

（二）封建家庭权力语义诠释

封建家庭权力的构建首先体现在缠足文化对"男女有别"性别差异的诠释上："我国最重礼教，尤严男女之别。古者'七岁不同席''叔嫂不通问'，男女装饰制式均殊，庆吊酬酢仪态胥异。凡妇女不独敷粉涂朱，抑且穿耳缠足。足既弓纤，行必舒迟，屣锐趾扬，一望即判。正书稗史、小说笔记，凡妇女效法男装以利旅行者，其被人窥破行藏，多由耳孔及弓足。故妇女缠足，为最易与男性区分之点。缠足发生，或即以此。"这种差异性是构建"男强女

---

❶ 肖巍."三寸金莲"与女性身体符号再解析[N].中国妇女报，2012-08-21（B02）.

❷ 高彦颐.缠足："金莲崇拜"盛极而衰的演变[M].苗延威，译.南京：江苏人民出版社，2009.

❸ 刘怡.她们的身体记得的历史——评高彦颐《缠足："金莲崇拜"盛极而衰的演变》[J].妇女研究论丛，2011（2）：107-112.

弱"家庭权力的基础：男性作为家庭权力的核心，主导着妇女的权力分配。

福柯讲："肉体直接卷入某种政治领域，权力关系直接控制它，干预它，给它打上标记，训练它，折磨它，强迫它完成某些任务、表现某些仪式和发出某些信号。"❶通过缠足，封建家庭（男权主导）对传统妇女的身体进行"标记""训练"和"折磨"，古代妇女的身体和双脚时刻承受着这种权力的规训、控制和建构。这里的权力其实就是所谓的"男权"。因此缠足是对封建家庭中"父权"和"夫权"，尤其是家长制"夫权"的回应、践行与巩固。如前所述在一些汉族的民间地区，新娘子在新婚三日之后过门回娘家时穿的"禁步鞋"（图4-49），要求妇女结婚过门后穿上这种鞋便要移步金莲，缓步慢行，不能

图4-49 弓鞋外底扣悬"警铃"
（钟漫天先生藏品）

使鞋底的小铃铛发出声响，否则视为失态、失礼、有失妇容之举。此种做法的目的与在凤尾裙❷片的下端系扣铜铃如出一辙。现在看来，这种警铃般的"禁步鞋"揭示了传统社会中的民间陋习对于妇女歧视、禁锢与摧残的本质❸。

缠足作为一种符号，一种权利意志，有助于禁锢妇女于闺阁之中，严格地限制其日常活动范围以符合"女正位乎内"的礼教规范，因而达到按夫君的欲望独占其身体、节操和心灵的目的。歌谣《清苑》所唱："裹上脚，裹上脚，大门以外不许你走一匝"，以及贺瑞麟在《改良女儿经》中所述："为什事，裹了足？不因好看如弓曲；恐她轻走出房门，千缠万裹来拘束"，可作佐证。

（三）社会等级与道德评价语法

浙东地区的贱民，男子一律不允许读书，女子一律不允许缠足。这是明代朝廷颁布的一项关于缠足的禁律，里面把缠足之于妇女的意义与读书之于

---

❶ 米歇尔·福柯. 规训与惩罚：监狱的诞生[M].2版. 刘北成，杨远婴，译. 北京：生活·读书·新知三联书店，1999.

❷ 凤尾裙，清代汉族民间常见的下裙形制之一，由多片下端呈棱角的竖直长条一字排开组合而成。在各裙片下端常系扣上铜铃铛，民间称其"铃铛裙"。铃铛在女性穿此裙走过程中不可叮当作响，否则视为失态。所谓"移步金莲，凤尾摇曳"，凤尾裙与弓鞋搭配，一起成为传统服饰文化中限制女性日常活动、规范女性行为操守的物化载体。

❸ 钟漫天. 中华鞋文化[M]. 北京：中国轻工业出版社，2016.

男子的价值等同。当时缠足已经成为划分妇女社会等级，衡量妇女高低贵贱的一把标尺。清代吴震方在《岭南杂记》中记载："岭南妇女多不缠足，其或大家富室围阁则缠之，妇婢俱赤脚行市中，至人家则袖中出鞋穿之，出门即脱置袖中。女婢有四十五十无夫家者。下等之家，女子缠足则皆诟厉之，以为良贱之别。"❶缠足象征着财富、权势，是身份和地位的标志，只有富家小姐才有资格缠得一双娇俏动人的"三寸金莲"，以为资本，攀权附贵，以实现社会"角色"的认证及地位的稳固与攀升。贫苦贱民只能踩着一双大脚，混迹于社会底层之间。

妇女守贞是我国封建礼教规范中最主要的内容之一。宋明以后，随着理学思潮的发展，缠足由最初仅仅满足男性审美的符号转变为礼教的表征，缠足的道德符号被逐渐凸显和强化。至明清缠足之风鼎盛时，缠足"金莲"已被视为妇女的第二贞操，是妇女保持忠贞、妇道和孝道的重要手段。社会评价以妇女缠足为正当、正统和正宗之法而以不缠足为野蛮和羞辱的异端之举，是故有"以足之纤钜，重于德之美凉，否则母以为耻，夫以为辱，甚至亲串里党传为笑谈，女子低颜，自觉形秽"。❷缠足俨然成为一条评价"妇德""妇容"的道德标准。

如是可知，封建社会中的妇女缠足文化在朝代更替、社会发展的历史洪流中，不但没有被抛弃，反而成为各社会阶层狂热追捧的对象是有其必然性和适用性的。缠足文化与以宗族森严的宗法制为核心的封建社会结构和以儒家思想为核心的封建文化体系相得益彰，在维护封建秩序、巩固封建统治、宣传封建伦理和执行封建礼法等方面扮演着十分重要的角色。

五、缠足文化的民族性符号语义

古代的缠足文化是中国的主体民族——汉族所独有的文化习俗，是汉族在长期的社会生活和生产实践中逐渐演变并形成世代相传和十分稳固的文化事项。从历史的角度看，妇女缠足文化从五代南唐窅娘时期算起至近代辛亥革命已千年有余。在这段时间里，正如前文所述，缠足文化中透析出来的我国传统文化中审美、礼教、性文化等思想要素不断促进着缠足文化的生成、

---

❶ 吴震方. 岭南杂记[M]. 北京：中华书局，1985.
❷ 福格. 听雨丛谈[M]. 2版.汪北平，点校. 北京：中华书局，1984.

积淀、延续、发展与完善，最终形成了以民族主义为核心的民族认同文化。

从人类学角度看，这种民族性符号语义在元朝和清朝政权建立之初，蒙古族、满族和汉族服饰文化发生大规模涵化（文化接触）现象，异族文明之间社会结构、经济基础、政治组织和文化活动等元素发生激烈碰撞之时表达尤为明显。民国学者李荣楣在《采菲录》的《中国妇女缠足史谭》一文中论道："坚守本族风俗，为我汉族特性，即旅食异国亦多不肯变更。欧美人谓中国人最难同化，殆为确评。即元、清以异族入主中国，挟其帝王之尊，变俗必易。然一考缠足变迁，元、清两代更趋极峰，满、蒙两族匪特未能禁绝，且流传更炽。与汉族通婚媾，亦喜效摹。满清晚年，谓大足为'旗装'，小足为'汉装'。虽无拒与异族同化之明文，而一般汉民实寓以小足与异族区别之心理。"❶

满族统治者入主中原后曾明令禁止妇女缠足，然缠足之风非但没有得到遏制，反而愈演愈烈。《阅世编》载："康熙之初，禁民间女子缠足，然奉行者固多而习俗相陈，亦一时不能遽变者。迨八年己酉，复除其禁。至今日而三家村妇女，无不高跟笋履，纤趾愈多，而藏拙者亦复不少。惟生长田间，老成持重者则仍旧耳。"❷可见汉民族对于这种文化"涵化"的态度是抗拒的。对于缠足文化的认同和坚守成为异族文化入侵下汉族族群保持原有文化认同和特性的重要方式。对于历史上的汉族群体，唯有以这样的差异为基础，才能保持本民族语言、艺术、文化甚至制度等意识形态。一言以蔽之，作为一种民族认同标记的符号语义，缠足文化属于它的时代和它的民族，即封建社会和汉族群体，依存于特殊的环境，依存于特殊的历史的、社会的、民族的和其他的观念与目的。

尽管如此，不可否认的是缠足在本质上还是对妇女身心的残害与统治。其含有的封建性、落后性和不科学性等消极属性决定了其在社会的文明进程中注定会走向衰败乃至灭亡。光绪二十年（1894年）郑观应在《盛世危言·女教篇》中指出："妇女缠足，合地球五大洲九万余里，仅有中国而已。"❸强烈抨击了中国的缠足陋俗。徐珂《天足考略》："我国妇女以缠足闻于世，为欧

---

❶ 姚灵犀. 采菲录[M]. 上海：上海书店出版社，1998.

❷ 崔荣荣，牛犁. 明代以来汉族民间服饰变革与社会变迁（1368-1949年）[M]. 武汉：武汉理工大学出版社，2016.

❸ 夏东元. 郑观应集·盛世危言（全二册）[M]. 北京：中华书局，2013.

美人诟病久矣"❶，称当时中国在世界上最骇笑取辱的莫过于妇女缠足一事。姚灵犀在《续编自序》里阐明："夫缠足之恶俗，不独为妇女一身之害也，其影响于民族健康也亦至巨。"❷在近代中华民族政治与文明落后的历史大背景下，对妇女缠足之害的认识已经上升到了国家和民族的高度。从这个角度来看，缠足文化作为汉族文化的认同也好，标志也罢，必须被重新审视和剔除，以保持本民族文化的文明性、历史性和积极性。

　　传统的缠足习俗，这一被赋予独特情感内涵的文化符号，是中国传统服饰文化中的一朵奇葩，同时也是历史的一面镜子。一方面，通过对缠足文化符号语言与语义的系统解读，印证了其在传统封建社会文化中的重要地位。传统缠足文化从视觉层面的实用性到艺术层面的装饰性、审美性，再到文化层面的多种社会表征都可以记述古代人民情感和习俗积淀的内在元素，映射中国传统封建社会文化体系的诸多思想要素，完成了缠足意义的全面构建，是研究封建社会汉民族妇女文化的重要切入点，具有重要的学术价值和反思意义。另一方面，站在历史和世界的高度，中国传统缠足文化中的历史情景、价值取向和社会生活方式等对于当下现代化、全球化的文明社会具有十分必要的符号语义的警醒作用：规避传统缠足文化中对美貌、权力、地位、生殖等的欲望符号逐取；规避传统缠足文化中的性别主义、性剥削、性歧视和性压迫的符号制造以及规避传统缠足文化中消极和落后的民族性认同标识的产生等。

---

❶ 姚灵犀. 采菲录[M]. 上海：上海书店出版社，1998.

❷ 同❶，第3页。